Dr. Wolfgang Reichel

Erfolgreiche Musterbewerbungen und Lebensläufe

50 Beispieltexte und Gestaltungsvorschläge

W0048115

Mosaik bei
GOLDMANN

FSC

Mix

Produktgruppe aus vorbildlich
bewirtschafteten Wäldern und
anderen kontrollierten Herkünften

Zert.-Nr. SGS-COC-1940
www.fsc.org
© 1996 Forest Stewardship Council

Verlagsgruppe Random House FSC-DEU-0100
Das für dieses Buch verwendete FSC-zertifizierte Papier *Munken Print*
liefert Arctic Paper Munkedals AB, Schweden.

6. Auflage
Originalausgabe September 2005
© 2005 Wilhelm Goldmann Verlag, München,
in der Verlagsgruppe Random House GmbH
Umschlaggestaltung: Design Team München
Umschlagillustration: Zefa/Baden
Redaktion: Dunja Reulein
Satz: Uhl + Massopust, Aalen
Druck und Bindung: GGP Media GmbH, Pößneck
WR · Herstellung: Han
Printed in Germany
ISBN 978-3-442-16739-5

www.mosaik-goldmann.de

Inhalt

Inhalt

Vorwort

Wer einen Arbeitsplatz sucht, wird nicht darum herumkommen, seine schriftlichen Bewerbungsunterlagen einzureichen. Dabei zeigen sich immer wieder die Schwierigkeiten der meisten Bewerber, die Bewerbung zu formulieren und die eigenen Fähigkeiten überzeugend darzustellen.

Bewerbung kommt von Werbung. Mit den Bewerbungsunterlagen müssen Sie für die eigene Person Werbung machen. Denn eine gute fachliche Qualifikation allein reicht heute nicht mehr aus. Sie müssen Ihre Fähigkeiten in der Bewerbung auch gut verkaufen können, damit die angeschriebene Firma auf Sie aufmerksam wird und Sie zum Vorstellungsgespräch einlädt.

Bei attraktiven Stellenangeboten ist die Zahl der eingehenden Bewerbungen meistens sehr groß, für die einzelne Bewerbung hat der Leser daher wenig Zeit. Der erste Eindruck bei der Durchsicht der Unterlagen ist entscheidend. Wer dabei nicht positiv auffällt, hat keine zweite Chance.

Dieses Buch enthält alle Informationen, die Sie brauchen, um sich richtig und erfolgreich schriftlich zu bewerben. Die vielen Beispielbewerbungen aus unterschiedlichen Berufen geben Ihnen zahlreiche Formulierungshilfen und zeigen Ihnen, wie Sie sich inhaltlich gut darstellen und Ihre Unterlagen ansprechend gestalten können. Im Einzelnen finden Sie Bewerbungen für Helfertätigkeiten, Ausbildungsplätze, gewerbliche und kaufmännische Berufe, Fach- und Führungskräfte. Alle hier dargestellten

Beispiele waren erfolgreich und haben zum Vorstellungsgespräch geführt. Die persönlichen Daten wurden natürlich abge-
ändert, so dass Ähnlichkeiten mit real vorhandenen Personen
nur zufällig sind.

Die Bewerbungsmappen mit Deckblatt, Anschreiben und Lebenslauf geben Ihnen einen Gesamteindruck der Unterlagen, die
Sie selbst erstellen müssen. Aufgrund des Buchformats mussten
die DIN-A4-Vorlagen verkleinert dargestellt werden, wodurch ein
Teil des optischen Eindrucks verloren geht. Nutzen Sie die Beispiele als Orientierungshilfe für Ihre Möglichkeiten bei der inhalt-
lichen Darstellung Ihrer Person und der Gestaltung der Unterlagen. Schreiben Sie Musterbewerbungen nicht einfach ab. Mit
einem individuellen Schreiben, das zu Ihnen passt, werden Sie
wesentlich besser ankommen.

Zum Erfolg im Beruf gehört immer auch ein bisschen Glück.
Dieses Quäntchen Glück wünsche ich Ihnen für die kommenden
Jahre Ihres Berufslebens.

Dr. Wolfgang Reichel

Vorbereitung der Bewerbung

Mit der schriftlichen Bewerbung nimmt man in der Regel den ersten Kontakt zu einer neuen Firma auf. Dabei kommt es darauf an, dass Sie einen möglichst guten Eindruck machen, damit Sie zum Vorstellungsgespräch eingeladen werden.

Um dieses Ziel zu erreichen, reicht es nicht aus, dass Sie sich fleißig bewerben und darauf vertrauen, dass es irgendwann klappt. Entscheidend für den Erfolg der Bewerbung ist immer auch eine gute Vorbereitung und systematisches Vorgehen. Dazu gehört natürlich, dass man weiß, wie man heute Bewerbungen richtig schreibt und welche Anforderungen Arbeitgeber an die Unterlagen stellen.

Es gibt Bewerber, die immer wieder Absagen erhalten. Der Grund liegt natürlich häufig in der fehlenden Eignung für die ausgeschriebene Stelle. Oft liegt es aber auch daran, dass die Bewerbungsunterlagen die formalen Anforderungen nicht erfüllen und inhaltliche Mängel haben. Solche Fehler sind unnötig und lassen sich vermeiden, wenn Sie dieses Buch richtig durcharbeiten.

Die eigenen Fähigkeiten und Stärken ermitteln

Um Erfolg mit Ihrer Bewerbung zu haben, müssen Sie die eigenen Fähigkeiten und Stärken überzeugend darstellen und gut verkaufen. Bevor Sie mit dem Schreiben Ihrer Bewerbung anfangen, sollten Sie deshalb zuerst eine Bestandsaufnahme und Selbstanalyse machen. Sie hat den Zweck, sich Klarheit über die eigenen Kenntnisse, Fähigkeiten und Eigenschaften zu verschaffen und die eigenen Stärken und Schwächen zu erkennen. Damit können Sie Ihren Wert und Nutzen für einen zukünftigen Arbeitgeber besser einschätzen und diese Argumente in Ihrer Bewerbung verwenden.

Die Chancen für eine erfolgreiche Stellensuche hängen entscheidend davon ab, ob der Bewerber genau weiß, was er kann, und seine beruflichen Ziele darauf ausrichtet. Viele Bewerbungen sind von vornherein zum Scheitern verurteilt, weil sich Bewerber falsch einschätzen und auf Stellen bewerben, für die sie nicht in Frage kommen.

Die folgenden beiden Aufgaben sollten Sie deshalb auf jeden Fall durchführen:

1 Ermitteln des eigenen Qualifikationsprofils sowie der Stärken und Schwächen.
2 Festlegen der beruflichen Ziele.

Beginnen Sie mit der Bestandsaufnahme Ihrer fachlichen und persönlichen Qualifikation, damit Sie wissen, was Sie überhaupt anzubieten haben. Kennen Sie Ihr Eignungsprofil, können Sie es mit den Anforderungen aus Stellenangeboten abgleichen.

Auch auf ein Vorstellungsgespräch sind Sie damit gut vorbereitet, denn dort müssen Sie beispielsweise überzeugende Antworten auf folgende Standardfragen geben:

- Was sind Ihre persönlichen Stärken und Schwächen?
- Warum denken Sie, das Sie für die Stelle geeignet sind?
- Warum sollten wir gerade Sie einstellen?

Wichtig ist dabei, dass Sie ehrlich und kritisch sich selbst gegenüber sind. Denn Ihr Wunschbild ist hier nicht gefragt. Gehen Sie bei Ihrer Bestandsaufnahme sorgfältig vor, damit Sie keines der Argumente, die für Sie sprechen und bei einer Bewerberauswahl entscheidend sein könnten, auslassen.

Beantworten Sie dazu folgende Fragen:
1. Welche Ausbildung haben Sie?
2. Welche Kenntnisse, Fähigkeiten, Erfahrungen bringen Sie für den angestrebten Arbeitsplatz mit?
3. Was sind Ihre persönlichen Stärken?

Zu 1: Ausbildung

Hier listen Sie die Abschlüsse Ihrer schulischen und beruflichen Ausbildung auf.

Beispiel: Sekretärin
- Schulabschluss: Mittlere Reife
- Ausbildung als Bürokauffrau
- Geprüfte Sekretärin IHK

Zu 2: Kenntnisse und Fähigkeiten

Hier listen Sie alle Kenntnisse, Fähigkeiten und Erfahrungen auf, die für die angestrebte Stelle nützlich sind:
- Sicherer Umgang mit den EDV-Anwendungen Word, Excel, PowerPoint und Outlook
- Flott an der Tastatur (mehr als 250 Anschläge/Min)
- Personalverwaltung mit Lohn- und Gehaltsabrechnung per EDV
- Gute Rechtschreib- und Grammatikkenntnisse
- Guter sprachlicher Ausdruck
- Gute Englischkenntnisse in Wort und Schrift

Überlegen Sie sich auch, in welchen Bereichen Sie Schwachpunkte oder Defizite haben. Wo fehlen Ihnen Kenntnisse und Erfahrungen? Wo müssten Sie Ihre fachlichen Fertigkeiten verbessern oder sich Zusatzqualifikationen aneignen?

Zu 3: Persönliche Stärken

Bei der Aufstellung der persönlichen Stärken sollten Sie gleichzeitig überlegen, wie Sie diese Eigenschaften bei Nachfragen begründen oder durch Beispiele belegen können. Mit der bloßen Behauptung, dass Sie über Organisationstalent verfügen, wird sich kein Personalchef zufrieden geben. Er wird weiterbohren und nach überzeugenden Beweisen fragen.

- Selbstständiges und eigenverantwortliches Arbeiten
- Organisatorisches Geschick
- Team- und Kommunikationsfähigkeit
- Belastbarkeit und Flexibilität
- Gepflegte Erscheinung und gute Umgangsformen

Wenn Sie nun Stellenanzeigen studieren, können Sie mit einem Blick erkennen, ob die Anforderungen aus der Anzeige mit Ihrer Qualifikation übereinstimmen. Außerdem haben Sie die Argumente, um sich in der Bewerbung und im Vorstellungsgespräch überzeugend präsentieren zu können.

Berufliche Ziele festlegen

Im nächsten Schritt sollten Sie sich über Ihre beruflichen Ziele Klarheit verschaffen. Wie sehen Ihre beruflichen Pläne für die nächsten Jahre aus? Was wollen Sie einmal erreichen? Speziell müssen Sie wissen, was Sie mit Ihrer Bewerbung erreichen wollen. Punkte, die hier stehen könnten, sind beispielsweise:

- Interessantes Aufgabengebiet
- Höherer Verdienst
- Sicherer Arbeitsplatz
- Bessere Nutzung der eigenen Fähigkeiten
- Größerer Verantwortungsbereich
- Bessere Aufstiegsmöglichkeiten
- Erweiterung der bisherigen Erfahrungen

Nach Ihren beruflichen Zielen und den Gründen für Ihre Bewerbung werden Sie mit Sicherheit später im Vorstellungsgespräch gefragt. Dabei erzielen Bewerber mit nur vagen Standpunkten kein Interesse. Wer weiß, was er will und wer sein Ziel konsequent verfolgt, hat eindeutig bessere Karten. Denn:

- Klare Ziele motivieren und steigern den Willen zur Aktivität.
- Sie können selbstbewusster auftreten.
- Sie haben damit überzeugende Argumente für Ihre Bewerbung.

Wege zu einem neuen Arbeitsplatz

Bei der Suche nach einem geeigneten Arbeitsplatz stehen Ihnen folgende Möglichkeiten offen:

1. Stellenanzeigen in Zeitungen
Sie studieren den Stellenmarkt der regionalen und überregionalen Tageszeitungen oder Fachzeitschriften und bewerben sich auf geeignete Anzeigen. Eine Bewerbung lohnt sich nur, wenn Sie die in der Anzeige genannten Anforderungen erfüllen können.

2. Stellenangebote im Internet

Im Internet findet man Jobangebote für alle Berufsgruppen und Branchen. Wer eine Stelle sucht, kann das entweder in den zahlreichen Jobbörsen tun oder gezielt die Internetseiten eines Unternehmens aufrufen, um dort Stellenangebote zu finden.

3. Initiativbewerbungen

Sie bewerben sich unaufgefordert bei Firmen, ohne zu wissen, ob eine Stelle frei ist. Dabei ist es wichtig, die Unternehmen gezielt auszuwählen und sich vorher gut zu informieren. Damit Sie sich Misserfolgserlebnisse ersparen, sollten Sie vorher telefonisch anfragen, ob überhaupt Interesse an einer Bewerbung besteht.

4. Agentur für Arbeit

Das Arbeitsamt nennt sich jetzt Agentur für Arbeit. Wer arbeitslos ist, sollte sich unverzüglich bei der örtlichen Arbeitsagentur melden. Arbeitsberater und -vermittler unterstützen Sie bei der Stellensuche und können Sie über Fortbildungen und Umschulungen und über finanzielle Förderungsmöglichkeiten beraten. Das Internetportal der Bundesagentur für Arbeit bietet das größte Stellenangebot und informiert über die Serviceleistungen.

5. Private Arbeitsvermittlung

Seit Aufhebung des Vermittlungsmonopols des Arbeitsamtes können sich Arbeitssuchende auch an private Vermittlungsbüros wenden. Wer mindestens drei Monate arbeitslos ist, erhält dafür von der Agentur für Arbeit auf Wunsch einen Vermittlungsgutschein. Die Kosten für die Vermittlung trägt dann die Agentur. Der Vermittler hat erst dann einen Anspruch auf die Vergütung, wenn durch seine Tätigkeit ein Arbeitsvertrag zustande kommt.

Zeitarbeitsunternehmen bieten eine weitere Möglichkeit, eine neue Beschäftigung zu finden. Diese Firmen verleihen die eingestellten Mitarbeiter an andere Firmen, die kurzfristig Personalbedarf haben. Der Arbeitsvertrag besteht mit der Zeitarbeitsfirma. Oft werden Mitarbeiter durch Kunden der Zeitarbeitsfirma in ein festes Arbeitsverhältnis übernommen.

Personalberater sind in der Regel nur für die Arbeitgeberseite tätig, wobei sie Unternehmen bei der Suche und Auswahl von Führungskräften und besonders qualifizierten Fachkräften unterstützen.

6. Persönliche Empfehlungen

Sie bewerben sich auf Informationen oder persönliche Empfehlungen hin, die Sie von Freunden, Bekannten, Verwandten, Kollegen, Ausbildern oder Vorgesetzten erhalten. Hier gilt: Beziehungen schaden nur dem, der sie nicht hat.

7. Eigenes Stellengesuch

Weiterhin können Sie eine eigene Zeitungsanzeige aufgeben. Gut durchdacht, kann sie zum gewünschten Arbeitsplatz führen. Informationen hierzu finden Sie im Kapitel »Das Stellengesuch«.

8. Weitere Möglichkeiten

- Praktika im Rahmen von Fortbildungen oder Umschulungen
- Stellenaushänge am schwarzen Brett/Schaufenster von Geschäften
- Kontaktaufnahme bei Messen
- Zeitungsberichte oder Firmenbroschüren

Es ist wichtig, dass Sie mit Ihrer Stellensuche rechtzeitig beginnen, das heißt einige Zeit vor Beendigung eines Arbeitsverhältnisses oder dem Abschluss einer Ausbildung. Verhalten Sie sich aktiv. Je mehr Bewerbungswege Sie nutzen, umso besser sind Ihre Chancen, einen zufrieden stellenden Arbeitsplatz zu finden.

Analyse von Stellenanzeigen

Die meisten Arbeitsplätze werden über Stellenanzeigen in Zeitungen, Fachzeitschriften oder aus dem Internet besetzt.

Bevor Sie sich auf ein Stellenangebot bewerben, müssen Sie es genau lesen und sorgfältig analysieren. Denn die tägliche Praxis der Auswertung von Bewerbungen zeigt immer wieder, dass viele Bewerber scheitern, weil sie eine Anzeige nur sehr oberflächlich lesen und sich auf Stellen bewerben, für die sie nicht in Frage kommen. Um sich solche unnötigen Bewerbungen zu ersparen, sollten Sie Anzeigen vor der Bewerbung gründlich studieren und nach verschiedenen Gesichtspunkten untersuchen. Dabei müssen Sie die folgenden beiden Fragen beantworten:

- Erfüllen Sie die Anforderungen der angebotenen Stelle?
- Entspricht das Unternehmen Ihren Erwartungen?

Oft stößt man in Anzeigen auf unklare Formulierungen, leere Phrasen und nichts sagende Floskeln, die dem Leser keine wirklichen Informationen liefern. Untersuchen Sie daher, wie konkret die Auskünfte über die zu besetzende Stelle sind: Kann man sich aus der Aufgabenbeschreibung ein ausreichendes Bild machen? Werden die Voraussetzungen und Anforderungen genannt, eventuell die Entwicklungsmöglichkeiten? Was sagen der Text und die Gestaltung der Anzeige über das Unternehmen aus? Um sich Enttäuschungen und unnötige Kosten zu ersparen, muss man dabei oft auch zwischen den Zeilen lesen. Seien Sie misstrauisch, wenn der Text schwammige Floskeln oder unseriöse Versprechungen enthält.

Ein ideales Stellenangebot hat sowohl Anziehungs- als auch Abschreckungscharakter. Es soll die geeigneten, hinreichend qualifizierten Bewerber aufmerksam machen und interessieren und die anderen von der Bewerbung abhalten.

Viele Personalchefs beklagen sich, dass Bewerber die Anzeigen nicht genau lesen und sich bewerben, obwohl aus der Anzeige klar ersichtlich ist, dass sie nicht in Frage kommen.

Gute Anzeigen geben mehr oder weniger ausführlich über folgende Punkte Auskunft:

- Welche Firma hinter der Anzeige steht
- Welche Position die Firma besetzen will
- Welche Aufgaben den Bewerber erwarten
- Welche Qualifikation gefordert wird
- Was die Firma anbietet
- Wann die Stelle besetzt werden soll
- In welcher Form man sich bewerben soll

Je mehr Fakten eine Anzeige aufweist, umso interessanter ist sie für einen Bewerber. Die folgende Aufzählung zeigt Ihnen, welche Informationen in der Anzeige enthalten sein können:

1. Zum Unternehmen

- Branche
- Produktions-/Dienstleistungsprogramm
- Größe, Marktstellung
- Standort
- Zukunftsaussichten

2. Zur Aufgabe

- Tätigkeits-/Aufgabenbeschreibung
- Verantwortung, Kompetenzen, Vollmachten
- Entwicklungs-/Aufstiegsmöglichkeiten
- Eintrittstermin

3. Zur Qualifikation

- Berufsausbildung mit Schwerpunkten
- Fach-/Spezialkenntnisse
- Fähigkeiten, Berufserfahrung
- Persönliche Merkmale: Alter, Mobilität, Teamfähigkeit usw.

4. Zum Angebot

- Vergütung/Gehalt
- Zusatzleistungen, z. B. Firmenfahrzeug
- Soziale Leistungen
- Art der Einarbeitung

5. Zur Bewerbung

- Art der Bewerbung/erforderliche Unterlagen
- Gewünschte Angaben: Eintrittstermin und Gehaltswunsch
- Telefonische Kontaktaufnahme
- Referenzen

Anforderungsmerkmale in Anzeigen

Eine Bewerbung auf eine Stellenanzeige lohnt sich nur, wenn Sie die Anforderungsmerkmale der Stelle weitgehend erfüllen können. Vergleichen Sie deshalb die geforderten Fähigkeiten, Kenntnisse und Eigenschaften mit Ihrer tatsächlichen Qualifikation. Greifen Sie die Anforderungen im Anschreiben auf und belegen Sie kurz und knapp, warum Sie das jeweilige Merkmal abdecken.

Personalfachleute erkennen daran, dass Sie die Anzeige genau gelesen haben und sich gezielt bewerben. Fehlt Ihnen ein wichtiges Merkmal und bewerben Sie sich trotzdem, müssen Sie überzeugend begründen, warum Sie sich dennoch für ausreichend qualifiziert halten.

Bei den Anforderungen kann man zwischen Muss- und Wunschanforderungen unterscheiden. Mussanforderungen sind für die ausgeschriebene Stelle zwingend erforderlich. Wenn Sie eine dieser Anforderungen nicht erfüllen, lohnt es sich nicht, sich zu bewerben, denn Sie werden bestimmt eine Absage erhalten. Mit folgenden Formulierungen drückt man das aus:

- Sie haben…,
- Wir erwarten…,
- …ist unbedingt erforderlich,
- …setzen wir voraus,
- …sind selbstverständlich.

Wunschanforderungen werden für die angestrebte Stelle nicht unbedingt vorausgesetzt, aber wer sie hat, erhöht damit seine Chancen. Sie werden beispielsweise so umschrieben:

- …sind erwünscht,
- …sind von Vorteil,
- …Sie sollten…,
- Idealerweise haben Sie…

Auswertung der Anzeige

Werten Sie die Anzeige systematisch aus und überprüfen Sie anhand der Checkliste, ob die Stelle für Sie in Frage kommt oder nicht.

CHECKLISTE

Auswertung der Anzeige

1. Enthält die Anzeige ausreichende Informationen über das Unternehmen und die zu besetzende Stelle? .... ☐

2. Sind besonders die Aufgaben und Anforderungen klar beschrieben? .... ☐

3. Können Sie die Anforderungen der Anzeige wirklich erfüllen? Welche nicht oder nicht ausreichend? .... ☐

4. Was hat Sie bei der Anzeige besonders angesprochen? .. ☐

5. Kennen Sie das Unternehmen? Welchen Ruf hat die Firma? .... ☐

6. Enthält die Anzeige nichts sagende Floskeln oder vage Versprechungen? Welche? .... ☐

7. Welche Vorteile bietet die angebotene Stelle gegenüber Ihrem derzeitigen Arbeitsplatz/anderen Stellen? .... ☐

8. Ist für die neue Stelle ein Umzug erforderlich? Würde Ihnen der neue Wohnsitz gefallen? Wäre Ihre Familie mit einem Umzug einverstanden? ..... ☐

9. Passt die Stelle in Ihren beruflichen Werdegang? Können Sie sich weiterentwickeln? .... ☐

10. Können Sie in der neuen Position Ihre Fähigkeiten, Kenntnisse und persönlichen Stärken richtig einsetzen? Welche? .... ☐

11. Welche Ihrer wesentlichen Fähigkeiten, Kenntnisse oder Eigenschaften würden bei dieser Stelle nicht gebraucht? .... ☐

12. Glauben Sie, dass Sie in der angebotenen Position erfolgreich arbeiten können und zufrieden sein werden? .... ☐

13. Was gefällt Ihnen an der Stelle am meisten? .... ☐

14. Was spricht gegen eine Bewerbung? .... ☐

Fazit: Die Stelle ist für mich interessant   ☐ ja   ☐ nein

Die schriftliche Bewerbung

Mit der schriftlichen Bewerbung bekommt das Unternehmen meist den ersten Eindruck vom Bewerber. Ihre Unterlagen sind so etwas wie Ihre Visitenkarte, Sie müssen damit für sich werben. Es muss Ihnen gelingen, sich in den Bewerbungsunterlagen optimal darzustellen und Interesse zu erwecken, damit Sie zu einem Vorstellungsgespräch eingeladen werden.

Bei attraktiven Stellenangeboten erhalten Unternehmen aufgrund der ungünstigen Arbeitsmarktsituation oft eine Flut von Bewerbungen. Bedenken Sie, dass die Personalverantwortlichen nicht die Zeit haben, sich jede Bewerbung ausführlich anzusehen. Die erste Durchsicht dauert gewöhnlich weniger als zwei Minuten pro Bewerbung. Im Anschreiben und Lebenslauf müssen Sie deshalb Ihre Eignung deutlich herausstellen und auf den ersten Blick Interesse wecken. Ein paar kurze Sätze im Anschreiben mit dem Hinweis auf die übrigen Unterlagen reichen deshalb auf keinen Fall aus.

Wichtige Kriterien der Bewerbung sind Klarheit, Übersichtlichkeit und Vollständigkeit. Nach der Durchsicht der Bewerbungsunterlagen sollte sich der Empfänger ein klares Bild von Ihrer fachlichen und persönlichen Eignung machen können. Beachten Sie deshalb die folgenden wesentlichen Punkte:

- Die Bewerbung muss das Interesse des Lesers wecken und ihn neugierig auf den Bewerber machen.
- Sie muss alle wesentlichen Informationen über dessen Aus-

bildung, Kenntnisse, Fähigkeiten und Berufserfahrungen enthalten.

▨ Sie muss den Empfänger überzeugen, dass der Bewerber für die Stelle geeignet ist und Vorteile gegenüber anderen Bewerbern hat.

Arten der schriftlichen Bewerbung

Die schriftliche Bewerbung kommt je nachdem, in welcher Situation man sich befindet und welche Ziele man verfolgt, in unterschiedlichen Formen vor.

Bewerbung auf eine Stellenanzeige
Die meisten Bewerbungen werden auf Stellenanzeigen hin geschrieben. Bevor Sie sich auf eine Stellenanzeige bewerben, studieren Sie diese genau und achten Sie darauf, welche Kenntnisse, Fähigkeiten und Eigenschaften verlangt werden. Vergleichen Sie die Anforderungen aus der Anzeige mit Ihrer tatsächlichen Qualifikation. Eine Bewerbung lohnt sich nur, wenn Sie die Anforderungen der Stelle weitgehend erfüllen können. Ist das bei einer realistischen Einschätzung der eigenen Fähigkeiten nicht der Fall, sparen Sie Zeit und Geld und ein vorprogrammiertes Misserfolgserlebnis.

Eine Bewerbung auf eine Stellenanzeige kann nicht nach »Schema F« gemacht werden, sondern sollte gezielt und individuell auf die unterschiedlichen Anforderungen der Anzeige eingehen und sie kurz belegen.

Die Initiativbewerbung
Von einer Initiativbewerbung spricht man, wenn Sie sich auf gut Glück bewerben, ohne zu wissen, ob überhaupt eine Stelle frei

ist. Gegenüber der Bewerbung auf Stellenangebote hat diese Form einige Vorteile: Sie haben weniger Konkurrenz, besonders dann, wenn Sie sich bei mittleren oder kleineren Unternehmen bewerben. Sie zeigen damit Eigeninitiative und unterstreichen Ihre Motivation. Manchmal kann eine interessante Initiativbewerbung überhaupt erst den Ausschlag geben, einen neuen Mitarbeiter einzustellen. Denn gute Leute werden eigentlich immer gesucht.

Dennoch müssen Sie bei einer Initiativbewerbung mit vielen Absagen rechnen, weil kein Bedarf vorhanden ist. Um damit Erfolg zu haben, sollten Sie Folgendes beachten:

▶ Wählen Sie die Unternehmen gezielt aus und beschaffen Sie sich vorher Informationen.

▶ Verwenden Sie nicht die Anrede »Sehr geehrte Damen und Herren«. Es ist besser, wenn Sie den Namen der richtigen Kontaktperson in Erfahrung bringen. Durch die persönliche Anrede im Anschreiben zeigen Sie, dass Sie sich informiert haben und keine Postwurfsendung verschicken.

▶ Vermeiden Sie planlose und inhaltlich nichts sagende Einheitsbewerbungen. Damit haben Sie keine Chance.

▶ Stellen Sie Ihre Fähigkeiten und Stärken deutlich heraus.

▶ Geben Sie genau an, welche Aufgaben Sie erfüllen und welchen Nutzen Sie anbieten können.

▶ Achten Sie auch hier auf Äußerlichkeiten wie eine korrekte Gestaltung und fehlerfreie Rechtschreibung.

Bei Initiativbewerbungen sind zwei Vorgehensweisen möglich:

1. Sie sprechen mit einem allgemein gehaltenen Anschreiben eine größere Zahl von Unternehmen einer Branche an. Dabei reicht es aus, wenn Sie die Bewerbung als Kurzbewerbung (siehe Seite 26) verschicken.

2. Sie richten Ihre Bewerbung ganz gezielt an eine bestimmte Firma, über die Sie sich vorher informiert haben. Dabei gehen Sie mit einem individuellen Anschreiben auf die Erfordernisse dieses Unternehmens ein und beschreiben möglichst exakt, welche Tätigkeiten Sie für diese Firma ausführen und welchen Nutzen Sie anbieten können.

Statt eine Initiativbewerbung zu verschicken, können Sie auch telefonisch anfragen, ob eine Stelle zu besetzen ist und Interesse an Ihrer Person besteht. Ist das der Fall, reichen Sie Ihre Bewerbungsunterlagen ein und beziehen sich auf das geführte Telefonat und die erhaltenen Informationen.

Die Kurzbewerbung
Manchmal ist es sinnvoll, statt der vollständigen Bewerbungsunterlagen zunächst nur eine Kurzbewerbung abzuschicken. Die Kurzbewerbung besteht aus dem Anschreiben mit den wesentlichen Angaben über Fähigkeiten, Kenntnisse und Berufserfahrung und einem kurzen Lebenslauf. Sinnvoll ist eine Kurzbewerbung in folgenden Fällen:

- Sie wollen mit einer unaufgeforderten Bewerbung erst einmal anfragen, ob überhaupt eine Stelle frei ist.
- Sie bewerben sich auf eine Chiffre-Anzeige und scheuen sich, Ihre vollständigen Unterlagen zu verschicken.

Zum Abschluss des Textes verweisen Sie darauf, dass Sie bei Interesse an der Bewerbung gerne Ihre vollständigen Unterlagen zusenden, zum Beispiel mit folgendem Satz:

»Wenn Sie an meiner Bewerbung Interesse haben, schicke ich Ihnen gerne meine ausführlichen Unterlagen zu.«

Bewerbung auf Chiffre-Anzeigen

Gelegentlich werden Sie bei Stellenausschreibungen sicher auch mit Chiffre-Anzeigen konfrontiert. Damit will das inserierende Unternehmen zunächst seine Anonymität wahren. Grundsätzlich sollte man diese Anzeigen eher kritisch bewerten, denn man kann keine Informationen über die Firma einholen, die Anzeigen sind manchmal unseriös und außerdem besteht die Gefahr von Datenmissbrauch.

Erscheint Ihnen eine Chiffre-Anzeige trotzdem reizvoll, sollten Sie zunächst immer nur eine Kurzbewerbung verschicken (ein kurzes Anschreiben, das Ihr Interesse zeigt, und ein tabellarischer Lebenslauf reichen also erst einmal völlig aus). Dabei gehört die Chiffrenummer in die Betreffzeile des Anschreibens und auf den Umschlag. Das Anschreiben muss natürlich alle wesentlichen Angaben zur Qualifikation im Hinblick auf die angestrebte Stelle enthalten, so dass der Empfänger neugierig wird und vollständige Unterlagen anfordert. Dazu kann man den Empfänger abschließend höflich und freundlich auffordern:

»Wenn Sie an meiner Bewerbung interessiert sind, bin ich gerne bereit, Ihnen meine ausführlichen Bewerbungsunterlagen zu schicken.«

Antwortet der Empfänger, muss er auch seinen Namen preisgeben.

Wenn Sie vermeiden wollen, dass die Bewerbung an Ihre eigene Firma oder an eine Ihnen nicht genehme Firma weitergeleitet wird, können Sie der Bewerbung ein kurzes Begleitschreiben mit einem Sperrvermerk beilegen:

Sperrvermerk zu Chiffre...

Sehr geehrte Damen und Herren,

bitte leiten Sie die Unterlagen an den Inserenten weiter, aber nicht, wenn es sich um folgende Firmen handelt:

1. ....
2. ....
3. ....

In diesem Fall wäre ich Ihnen dankbar, wenn Sie mir die Unterlagen zurücksenden würden. Vielen Dank.

Mit freundlichen Grüßen

Die Bewerbungsunterlagen werden komplett in einen Umschlag gesteckt und verschlossen. Auf diesen Umschlag schreiben Sie groß und deutlich die Kennziffer. Dieser Umschlag kommt zusammen mit dem Begleitschreiben in einen größeren Umschlag, den Sie ohne Kennzifferangabe an die Anzeigenabteilung der Zeitung schicken.

Bewerbung um einen Ausbildungsplatz
Grundsätzlich gelten bei der Bewerbung um einen Ausbildungsplatz die gleichen Regeln wie für jede andere Bewerbung auch.

Der Empfänger will natürlich wissen, warum Sie sich für den gewünschten Beruf entschieden haben und ob Sie dafür geeignet sind. Deswegen geht es im Anschreiben vor allem um die Begründung Ihrer Berufswahl. Sie müssen versuchen, Ihr besonderes Interesse und Ihre Eignung für den gewählten Beruf herauszustellen. Dies können Sie tun, indem Sie Ihr besonderes Interesse an der künftigen Berufstätigkeit unterstreichen und Ihre fachlichen Kenntnisse und persönlichen Stärken belegen.

Einige Möglichkeiten hierfür sind:

- Gute Noten in Schulfächern, die für die angestrebte Berufsausbildung wichtig sind.
- Praktika oder Ferienjobs, wodurch Sie in den Beruf hineingeschnuppert haben.
- Interessen und Hobbys, die im Zusammenhang mit dem Ausbildungsberuf stehen.
- Erworbene Kenntnisse, die im Beruf nützlich sind, wie beispielsweise PC-Kenntnisse.
- Eltern oder Verwandte, die in diesem Beruf arbeiten.

Die Bewerbung enthält neben dem Anschreiben einen tabellarischen Lebenslauf, ein Lichtbild und Kopien der letzten beiden Schulzeugnisse. Bescheinigungen über fachbezogene Kenntnisse oder Praktika, die für den Ausbildungsberuf wichtig sind, sollten Sie ebenfalls beilegen.

Da der Lebenslauf von Ausbildungsplatzbewerbern gewöhnlich kurz ist und hauptsächlich aus den Angaben zur Person und zur Schulausbildung besteht, sind die Zeugnisnoten besonders wichtig.

Mit der Bewerbung um einen Ausbildungsplatz sollten Sie möglichst schon am Anfang des letzten Schuljahres beginnen, damit Sie genügend Zeit haben, um einen passenden Ausbildungsplatz zu finden.

Was gehört zu einer vollständigen Bewerbung?

Normalerweise werden von Ihnen vollständige Bewerbungs-unterlagen erwartet. Dazu gehören:

- Ein individuelles Anschreiben
- Ein tabellarischer Lebenslauf
- Ein Foto
- Kopien von Ausbildungs- und Arbeitszeugnissen
- Zertifikate und Bescheinigungen über Weiterbildungen, Lehr-gänge, Zusatzqualifikationen

In manchen Fällen müssen weitere Unterlagen beigelegt werden:

- Führungszeugnis
- Referenzen
- Arbeitsproben
- Schriftprobe

Zusätzlich kann man für die Bewerbungsmappe ein Deckblatt gestalten, das als Titelblatt die wichtigsten Informationen zum Inhalt der Bewerbung enthält.

Bewerbung kommt von Werbung

Bewerbung kommt von Werbung. Ihre Bewerbung sollte des-halb eine überzeugende Werbung für die eigene Person sein. Es kommt darauf an, die eigenen Stärken und Vorteile deutlich herauszustellen und gut zu verkaufen.

Die bekannte AIDA-Formel aus der Werbepsychologie macht deutlich, worauf es bei Ihrer Bewerbung ankommt. AIDA steht für:

A – attention: Aufmerksamkeit erzeugen

I – interest: Interesse erwecken

D – desire: Wunsch zum Kennenlernen auslösen

A – action: zum Handeln auffordern

Überträgt man dieses Modell auf die Bewerbung, bedeutet das:

- Gewinnen Sie die Aufmerksamkeit des Lesers durch eine einwandfreie Form und eine individuelle Bewerbung.
- Erwecken Sie Interesse durch gute Nutzenargumente und eine überzeugende Darstellung Ihrer Qualifikation. Der Leser muss den Eindruck gewinnen, dass Sie für die Stelle geeignet sind.
- Dadurch muss der Wunsch entstehen, Sie kennen zu lernen, um mehr über Ihre Fähigkeiten zu erfahren.
- Ihr Ziel ist es, die Einladung zum persönlichen Gespräch zu erhalten.

Im Unterschied zur Fernsehwerbung müssen Sie bei Ihrer Darstellung allerdings sachlich bleiben und dürfen nicht übertreiben. Was man später nicht einhalten kann, sollte man vorher nicht versprechen. In einer Bewerbung müssen alle Behauptungen belegt werden können.

Die äußere Form

Der äußere Eindruck der Bewerbungsunterlagen wird zuerst beurteilt. Viele Bewerbungen werden schon aufgrund formaler Fehler aussortiert, ehe sie überhaupt gelesen werden. Damit Sie Ihre Chancen nicht von vornherein erheblich vermindern, sollten Sie auf jeden Fall die folgenden Empfehlungen beachten:

■ CHECKLISTE ■

Form der Bewerbungsunterlagen

1 Verwenden Sie für Anschreiben und Lebenslauf nur weißes, unliniertes DIN-A4-Papier (mindestens 80 g/m²) und beschreiben Sie es nur einseitig. .... ☐

2 Schreiben Sie die Bewerbung am besten am PC und drucken Sie alles über einen Drucker mit guter Schriftqualität aus. .... ☐

3 Wählen Sie ein ansprechendes Schriftbild, zum Beispiel in einem Textverarbeitungsprogramm die Schriften Times New Roman oder Arial mit Schriftgröße 11 oder 12. .... ☐

4 Bei einer Schreibmaschine: Benutzen Sie ein gutes Farbband. Im Text dürfen keine Verbesserungen oder Streichungen vorkommen. Schreiben Sie den Text lieber neu. .... ☐

5 Rechtschreibung, Grammatik und Zeichensetzung müssen einwandfrei sein. Benutzen Sie die in einer Textverarbeitung integrierte Rechtschreibprüfung oder einen Duden, wenn Sie Schwierigkeiten damit haben. .... ☐

6 Achten Sie auf eine gute Platzeinteilung und angemessene Ränder, etwa 2,5 cm rundum. .... ☐

7 Gliedern Sie den Text der Bewerbung durch Absätze. ..... ☐

8 Verwenden Sie nur neue Fotokopien von guter Qualität. .. ☐

9 Versenden Sie auf keinen Fall Unterlagen mit Flecken, Knicken oder Eselsohren. .... ☐

10 Sortieren Sie die Unterlagen in eine Bewerbungsmappe ein. Reihenfolge: Anschreiben lose obenauf, Lebenslauf mit Foto, Zeugnisse, sonstige Anlagen. .... ☐

11 Verwenden Sie einen DIN-B4-Briefumschlag mit Kartonrücken und denken Sie an eine ausreichende Frankierung. .... ☐

Das Anschreiben

Das Anschreiben ist das erste Blatt der Bewerbungsunterlagen. Für die Werbung in eigener Sache und den ersten Eindruck ist es besonders wichtig. Um unter den vielen Bewerbungen aufzufallen, die oft bei Firmen eingehen, muss es den Leser spontan ansprechen und Interesse erwecken. Geben Sie sich daher große Mühe mit der Erstellung des Anschreibens, damit Sie von Anfang an eine positive Einstellung gegenüber Ihrer Bewerbung erzeugen. Weist das Anschreiben größere Mängel auf, ersparen sich viele Leser die weitere Durchsicht der Unterlagen und legen die Bewerbung beiseite.

Zweck des Anschreibens

Das Anschreiben hat die Aufgabe, im Hinblick auf die angestrebte Stelle die wesentlichen Eignungsmerkmale herauszustellen. Erläutern Sie hier Ihren Berufsweg und nennen Sie Ihre Fähigkeiten, Kenntnisse und Erfahrungen, soweit sie für den neuen Arbeitsplatz von Bedeutung sind. Durch das Anschreiben müssen Sie den Leser neugierig auf die weiteren Unterlagen machen. Ein paar kurze Floskeln mit dem Hinweis auf die beigefügten Unterlagen reichen deshalb nicht aus.

Oft haben die Empfänger nicht die Zeit, alle Unterlagen ausführlich zu lesen. Sie müssen im Anschreiben Ihre Qualifikation klar herausstellen und Ihre Eignung für die angestrebte Stelle deutlich machen. Der Leser muss sich schon beim Überfliegen des Anschreibens ein Bild von der Eignung des Bewerbers machen können, ohne erst die Zeugnisse studieren zu müssen. Zeigen Sie, dass Sie wissen, worauf es bei der ausgeschriebenen Stelle ankommt, und begründen Sie genau, warum Sie für die Aufgabe geeignet sind. Sagen Sie auch, welche Motive Sie für die Bewerbung haben. Nutzen Sie das Anschreiben, um sich durch eine gute Darstellung Ihrer Fähigkeiten und Stärken von den Mitbewerbern abzuheben.

Verschicken Sie keine Einheitsbewerbungen. Damit sammeln Sie keine Pluspunkte. Es ist wichtig, auf die Vorstellungen des jeweiligen Stellenanbieters mit einem individuellen Schreiben genau einzugehen. Schreiben Sie keine Bewerbungen aus Büchern ab, sondern versuchen Sie, sich mit Ihrem eigenen Stil von der Masse der Standardbewerbungen abzuheben.

Einleitung und Inhalt

Eine besondere Bedeutung kommt der Einleitung zu. Der erste Satz gibt den Ton an und muss Aufmerksamkeit erzeugen. Die meisten Bewerber tun sich mit der Einleitung sehr schwer und vergeben diese Chance. Der übliche Standardsatz

»Hiermit bewerbe ich mich bei Ihnen als … / auf Ihr Stellenangebot als …«

ist ziemlich ideenlos und langweilig und auf keinen Fall dazu geeignet, den Leser neugierig auf die Bewerbung zu machen. Noch schlimmer ist das folgende Behördendeutsch:

»Bezugnehmend auf Ihre Anzeige in der XYZ-Zeitung bewerbe ich mich hiermit als ...«

Auch die folgenden typischen Texte sind ziemlich einfallslos und nicht dazu geeignet, den Leser zu beeindrucken:

»Ihre Anzeige hat mein Interesse geweckt ...«

»Mit großem Interesse habe ich Ihre Anzeige gelesen, in der Sie einen... suchen...«

»Die von Ihnen ausgeschriebene Stelle als... interessiert mich sehr...«

»Wie ich Ihrer Anzeige entnehmen konnte, suchen Sie einen ...«

Beispiele, wie man es besser macht, finden Sie bei den Formulierungshilfen für das Anschreiben und in den Musterbewerbungen.

Hier noch einmal die wichtigsten Punkte zum Inhalt:

- Bei einer Stellenanzeige: Lesen Sie genau, welche Fähigkeiten, Kenntnisse und Eigenschaften verlangt werden, und belegen Sie die Anforderungen kurz und knapp.
- Nennen Sie die Kenntnisse und Fähigkeiten, die für die angestrebte Tätigkeit wichtig sind. Machen Sie Ihren Nutzen im Hinblick auf die Stelle deutlich.
- Machen Sie kurze, aber präzise Angaben, so dass sich der Leser ein ausreichendes Bild über Ihre Eignung machen kann.
- Machen Sie aus dem Anschreiben keine Nacherzählung des Lebenslaufes.
- Formulieren Sie sachlich und selbstbewusst, aber übertreiben Sie nicht. Verzichten Sie auf übertriebene Selbstanpreisungen.
- Vermeiden Sie ungünstige Angaben, versuchen Sie aber nicht, den Leser zu täuschen.

▨ Vermeiden Sie nichts sagende Floskeln und weitschweifige Darstellungen und stellen Sie keine allgemeinen Betrachtungen über das Berufsleben an.

▨ Drücken Sie sich klar und verständlich aus. Verwenden Sie keine langen, stark verschachtelten Sätze oder komplizierte Formulierungen.

▨ Schreiben Sie keine Musterbewerbungen aus Büchern ab. Erfahrenen Personalchefs fällt das schnell auf. Versuchen Sie, sich mit Ihrem eigenen Stil von der Masse der Standardbewerbungen abzuheben.

▨ Ihr Ziel muss es sein, auf einer DIN-A4-Seite alle wichtigen Angaben und Nutzenargumente zusammenzufassen.

Bestandteile des Anschreibens

Das Anschreiben enthält folgende Angaben:

▨ Absender

▨ Datum des Schreibens

▨ Empfängeranschrift

▨ Bezugszeile

▨ Anrede

▨ Text der Bewerbung mit:

  ▷ Hinweis auf den Anlass der Bewerbung

  ▷ Angaben zur beruflichen Entwicklung

  ▷ Wichtige Fähigkeiten und Kenntnisse für die Stelle

  ▷ Grund der Bewerbung

  ▷ Falls gefordert: Angaben zum Gehalt

  ▷ Möglicher Eintrittstermin

  ▷ Schluss mit Bitte um ein Vorstellungsgespräch

▨ Grußformel

Unterschrift

Hinweis auf Anlagen

Erläuterungen zum Inhalt

Absender

Geben Sie neben der Anschrift auch Ihre Telefonnummer an. Der Empfänger hat so die Möglichkeit, einen Termin für das Vorstellungsgespräch telefonisch mit Ihnen zu vereinbaren.

Empfängeranschrift

Schreiben Sie die Firmenanschrift richtig ab. Ist eine Kontaktperson angegeben, richten Sie die Bewerbung an diese Person.

Beispiel:

Nolte Elektrotechnik GmbH

Frau Schulte

Berliner Allee 32

60234 Frankfurt

Bezugszeile

Hier weisen Sie in kurzer Form auf den Inhalt des Schreibens hin, ohne das Wort »Betreff« zu verwenden.

Beispiele:

»Ihre Stellenanzeige in der XY-Zeitung vom ...«

»Bewerbung als Verkäuferin«

»Bewerbung um einen Ausbildungsplatz als ...«

Anrede

Achten Sie auf die richtige Schreibweise des Namens, und vergessen Sie auch einen Titel nicht. Ist Ihnen der Name des Ansprechpartners nicht bekannt, benutzen Sie die allgemeine Anrede »Sehr geehrte Damen und Herren«. Heute ist es üblich, hinter die Anrede ein Komma zu setzen und in der übernächsten Zeile klein weiterzuschreiben.

Einleitung

Vermeiden Sie nichts sagende und ideenlose Einleitungsfloskeln und kommen Sie schnell zur Sache. Sagen Sie, wo Sie von der Stelle erfahren haben oder nennen Sie den Anlass Ihrer Bewerbung (zum Beispiel eine Stellenanzeige, durch das Arbeitsamt, Hinweise von Bekannten, ein vorausgegangenes Telefonat).

Darstellung der eigenen Qualifikation

In diesem wichtigsten Teil des Anschreibens müssen Sie sich kurz vorstellen und überzeugend begründen, warum Sie für die angestrebte Stelle geeignet sind. Geben Sie dazu wichtige Schritte Ihrer beruflichen Entwicklung und Ihre jetzige Tätigkeit an und stellen Sie Ihre besonderen Fähigkeiten, Kenntnisse und persönlichen Stärken heraus, soweit sie für die Stelle von Interesse sind.

Grund der Bewerbung

Geben Sie hier an, was Sie speziell an der Stelle interessiert oder warum Sie wechseln wollen.

Gehaltswunsch

Angaben zum gewünschten Gehalt sollten Sie nur machen, wenn es ausdrücklich in der Anzeige verlangt wird. Stellenwechsler können sich hier auf ihren derzeitigen Verdienst beziehen. Sind Sie als

Berufsanfänger unsicher, verweisen Sie auf das Vorstellungsgespräch, zum Beispiel mit folgendem Satz: »Über das Gehalt möchte ich gerne persönlich mit Ihnen sprechen, wenn ich die Einzelheiten der Tätigkeit und die Arbeitsbedingungen genau kenne.«

Eintrittstermin

Berücksichtigen Sie hier eventuelle Kündigungsfristen.

Schluss

Im letzten Satz geht es um die Einladung zum Vorstellungsgespräch, denn das ist schließlich das Ziel Ihrer schriftlichen Bewerbung.

Grußformel

Schreiben Sie »Mit freundlichen Grüßen« oder »Mit freundlichem
Gruß«. Vergessen Sie nicht Ihre Unterschrift.

Anlagen

Der Anlagenvermerk besteht aus dem Stichwort »Anlagen« und
der Aufzählung der Einzelanlagen. Die Aufzählung kann entfal-
len, wenn Sie die üblichen Unterlagen mitschicken.

Für die Gestaltung des Anschreibens sollten Sie sich an der
DIN 5008 für Geschäftsbriefe orientieren. Laut DIN 5008 beträgt
der linke Seitenrand genau 2,41 cm, der obere Rand 1,69 cm. In
Textverarbeitungsprogrammen wie beispielsweise MS-Word sind
diese Werte gerundet und links auf 2,5 cm sowie oben auf 2 cm
eingestellt. Bei Ihrem Anschreiben können Sie diese Werte ohne
Weiteres verwenden. Der rechte sowie untere Rand werden auf
2 cm eingestellt. Die Bestandteile des Anschreibens zeigt die
nächste Seite. Dabei beginnt der Absender in der 5. Zeile vom
oberen Rand aus.

Muster für das Anschreiben

Vor- und Nachname   Datum
Straße Nr.
PLZ Ort
Telefon

Name der Firma
Name des Empfängers
Straße Nr./Postfach
PLZ Ort

Betreffzeile (ohne das Wort »Betreff«)

Anrede

Textbeginn

Textinhalt:
– Einleitung: Anlass der Bewerbung
– Hauptteil: Darstellung Ihrer Eignung für die Stelle mit Angaben zu Erfahrungen, Fähigkeiten, Kenntnissen und Eigenschaften
– Motiv der Bewerbung
– evtl. Gehaltsvorstellung (wenn Sie dazu aufgefordert werden)
– Eintrittstermin
– Abschlussformulierung

Wichtige Regeln nach DIN 5008 für Geschäftsbriefe:
Ränder: links 2,41 cm, oben 1,69 cm, rechts 2 cm, unten 2 cm
Beginn Absender: 5. Zeile
Beginn Empfängeranschrift: 15. Zeile
Betreffangabe: 24. Zeile
Vor Anrede 2 Leerzeilen, danach 1 Leerzeile
Absätze im Text durch Leerzeilen trennen

Textende

Grußformel

(Unterschrift)

Anlagen

Der Lebenslauf

Zweck und Anforderungen

Zu jeder Bewerbung gehört ein aussagefähiger Lebenslauf. Er hat die Aufgabe, den Leser über die wichtigsten persönlichen Daten, den Ausbildungsweg, die berufliche Entwicklung und besonderen Fähigkeiten des Bewerbers zu informieren.

Der Lebenslauf wird heute in tabellarischer Form am PC oder mit der Schreibmaschine erstellt. Achten Sie auf eine übersichtliche Gliederung, damit man die Informationen schnell erfassen kann. Einen ausformulierten oder handschriftlichen Lebenslauf sollten Sie nur auf ausdrücklichen Wunsch anfertigen.

Der Lebenslauf sollte knapp, aber vollständig sein und eine zeitlich lückenlose Übersicht über den bisherigen Ausbildungs- und Berufsweg geben. Er muss stichwortartig zusammengefasst alle wesentlichen Angaben über die Fähigkeiten und Kenntnisse des Bewerbers enthalten, damit sich der Empfänger der Bewerbung ein ausreichendes Bild über dessen Eignung machen kann.

Haben Sie Lücken in Ihrem Werdegang, sollten Sie nicht versuchen, den Leser zu täuschen. Personalfachleute werden normalerweise Unwahrheiten und Unstimmigkeiten schnell herausfinden. Lücken von mehr als drei Monaten, zum Beispiel durch Arbeitslosigkeit, müssen Sie angeben. Zeiten der Arbeitslosigkeit sind heute kein Makel mehr. Für die Beurteilung spielt es allerdings eine Rolle, ob Sie in dieser Zeit untätig waren oder sich beispielsweise weiterqualifiziert haben. Bereiten Sie sich auf jeden Fall darauf vor, dass Sie im Vorstellungsgespräch auf Lücken oder andere Schwachpunkte angesprochen werden.

Richten Sie den Lebenslauf inhaltlich auf die ausgeschriebene Stelle und die jeweilige Firma aus, denn es reicht nicht aus, für jede Bewerbung denselben Lebenslauf zu verwenden. Verwenden Sie auf keinen Fall kopierte Lebensläufe.

Inhalt und Gliederung

Für die Daten und die Gliederung des tabellarischen Lebenslaufes können Sie sich an der folgenden Aufstellung orientieren:

1. Persönliche Daten
- Vor- und Zuname
- Anschrift
- Geburtsdatum und -ort
- Familienstand, Kinder
- Staatsangehörigkeit

2. Schulausbildung
- Zeitangabe
- Schultyp und -ort
- letzter Schulabschluss

3. Berufsausbildung
- Zeitangabe
- Ausbildungsberuf
- Betrieb
- Abschluss

4. Studium

- Zeitangabe
- Fachrichtung mit Schwerpunkten
- Hochschule
- Abschluss

5. Berufspraxis

- Zeitangabe
- Berufsbezeichnung, Position
- Betrieb, Ort
- kurze Aufgabenbeschreibung

6. Weiterbildung

Geben Sie hier nur Lehrgänge an, die beruflich relevant sind.

- Dauer
- Lehrgangsbezeichnung
- Veranstalter
- Erläuterung der Inhalte

7. Besondere Kenntnisse und Fähigkeiten

- Fremdsprachen (mit Beherrschungsgrad, z. B. Grundkenntnisse, Schulkenntnisse, fließend, verhandlungssicher)
- EDV-Kenntnisse (Programme, Systeme)
- andere Angaben wie Führerschein, REFA-Schein usw.

8. Wehr- oder Zivildienst

9. Sonstiges

- Hobbys/soziale Aktivitäten (nur wenn sie berufsrelevant sind)
- Erläuterung von Lücken, Angaben zu Krankheiten, Auslandsaufenthalten usw.

10. Ort, aktuelles Datum und Unterschrift

Nicht in den Lebenslauf gehören folgende Angaben:

- Name und Beruf der Eltern (außer bei Ausbildungsplatzbewerbern)
- Angaben zum Ehepartner oder zu Geschwistern
- Konfessionszugehörigkeit (außer wenn Sie sich bei kirchlichen Institutionen bewerben)
- Hobbys ohne Bezug zur Berufstätigkeit
- Partei-/Gewerkschaftszugehörigkeit
- Gesundheitszustand

Geben Sie die Zeiten nach der Schulausbildung mit Monat und Jahr an. Achten Sie darauf, dass die Zeitangaben im Lebenslauf mit denen in Zeugnissen oder anderen Nachweisen übereinstimmen.

Lassen Sie bei der Gestaltung des Lebenslaufes rechts oben ausreichend Platz, damit Sie dort das Foto befestigen können.

Neben der klassischen chronologischen Form des Lebenslaufes wird für Bewerbungen bei internationalen Unternehmen vermehrt die Darstellung des beruflichen Werdegangs in umgekehrter Reihenfolge verwendet, die sich an angloamerikanischen Standards orientiert. Dabei steht die aktuelle beziehungsweise letzte Tätigkeit an erster Stelle und man geht dann chronologisch rückwärts bis zur Schulausbildung. Auch Vorschläge für einen einheitlichen europäischen Lebenslauf orientieren sich an dieser Form.

Lücken und andere Schwachpunkte

Gibt es in Ihrem Lebenslauf Lücken von mehr als drei Monaten oder andere Schwachstellen wie abgebrochene Ausbildungen oder häufige Stellenwechsel innerhalb kurzer Zeit, werden Sie mit Sicherheit im Vorstellungsgespräch danach gefragt. Bereiten Sie sich darauf vor und überlegen Sie, welche plausiblen Antworten Sie auf diese Fragen geben können.

Lücken entstehen beispielsweise durch:
- Arbeitslosigkeit
- Längere Pause zwischen Ausbildung und Berufsbeginn
- Längere Krankheit, Unfall
- Schwangerschaft und Kindererziehung
- Auslandsaufenthalte

Grundsätzlich gilt, dass Sie nicht versuchen sollten, größere Lücken zu vertuschen. Normalerweise werden Unstimmigkeiten leicht auffallen. In diesem Fall fühlt sich der Leser vom Bewerber getäuscht und wird die Bewerbung weglegen.

Geben Sie also eine längere Arbeitslosigkeit wahrheitsgemäß an. Um späteren Fragen zuvorzukommen, sollten Sie zusätzlich den Grund der Arbeitslosigkeit erläutern, besonders wenn Sie daran keine Schuld haben, damit kein negatives Licht auf Sie fällt.

Einen günstigen Eindruck macht es, wenn Sie die Zeit sinnvoll genutzt haben, anstatt untätig zu Hause zu sitzen. So stellen Sie durch den Besuch einer Fortbildung Ihre Lernbereitschaft unter Beweis und zeigen, dass Sie fachlich auf dem Laufenden bleiben wollen. Dazu ein Beispiel:

Falsch:

01.06.20xx – 31.03.20xx   arbeitslos

Diese Angabe wird ohne weitere Erläuterungen gewöhnlich negativ bewertet, da folgende Fragen unbeantwortet bleiben:

▨ Warum war der Bewerber arbeitslos?

▨ Was hat er in dieser Zeit gemacht?

Erläutern Sie deshalb Ihre Arbeitslosigkeit, um diesen Fragen zuvorzukommen.

Richtig:

01.06.20xx – 31.03.20xx   Arbeitslos wegen Konkurs der Firma.
Während dieser Zeit XY-Lehrgang
beim ABC-Institut in...

Analyse des Lebenslaufes

Bei der Auswertung des Lebenslaufs werden folgende Punkte untersucht:

1. Äußere Form

Ist der äußere Eindruck ansprechend, das heißt ist der Lebenslauf übersichtlich gegliedert, so dass man schnell findet, was man sucht, hat er ein sauberes Schriftbild, ist der Rand ausreichend? Eine nachlässige äußere Form zeugt gewöhnlich von mangelndem Interesse an der angebotenen Stelle.

2. Zeitliche Auswertung

Bei der zeitlichen Auswertung wird der Ausbildungs- und Berufsweg auf zeitliche Lücken, lange Ausbildungszeiten, häufige Stellenwechsel und ungewöhnliche Kündigungstermine durchgesehen.

3. Berufliche Entwicklung

Die berufliche Entwicklung wird daraufhin untersucht, wie zielgerichtet sie verlaufen ist. Ungünstig sind eine abgebrochene Ausbildung oder planlose Berufs- und Branchenwechsel, für die es keine plausiblen Erklärungen gibt.

Überprüfen Sie Ihren Lebenslauf anhand der Checkliste auf der folgenden Seite auf mögliche Schwachstellen.

Notieren Sie sich nun die Schwachstellen und überlegen Sie für das Vorstellungsgespräch, wie Sie den Sachverhalt erklären können. Haben Sie für einen Fehler oder eine Schwachstelle keine plausible Erklärung parat, sollten Sie sich Gedanken darüber machen, wie Sie einem Gesprächspartner überzeugend darlegen können, dass Sie aus diesem Fehler gelernt und Konsequenzen daraus gezogen haben.

Formulieren Sie Ihre Erklärungen schriftlich und lernen Sie sie auswendig. Denn je sicherer Sie antworten, umso eher wird Ihnen geglaubt.

Vielleicht können Sie Ihre Erklärung mit einem Freund oder einer Freundin zusammen erarbeiten und so Ihre Überzeugungskraft direkt erproben.

CHECKLISTE

Lebenslaufanalyse

- Ist die äußere Form ansprechend? (übersichtliche Gliederung, sauberes Schriftbild, leicht lesbar) .... ☐

- Stimmen die Zeitangaben im Lebenslauf mit den Angaben in Ihren Zeugnissen überein? .... ☐

- Gibt es Nachweise für relevante Ausbildungsabschnitte oder Berufstätigkeiten? .... ☐

- Haben Sie irgendwelche Ausbildungen abgebrochen oder ohne Abschluss beendet? Gibt es dafür plausible Gründe? .... ☐

- Gibt es überdurchschnittlich lange Ausbildungs- oder Studienzeiten? .... ☐

- Haben Sie schlechte Beurteilungen in Ausbildungs- oder Arbeitszeugnissen? .... ☐

- Gibt es ungewöhnliche Kündigungstermine? Wurde ein Arbeitsverhältnis während der Probezeit beendet? .... ☐

- Schließen die verschiedenen Arbeitsverhältnisse nahtlos aneinander an? .... ☐

- Gibt es zeitliche Lücken (mehr als drei Monate) im Lebenslauf? .... ☐

- Waren Sie längere Zeit arbeitslos? Wie haben Sie die Zeit genutzt? .... ☐

- Gibt es erklärungsbedürftige Unterbrechungen der Berufstätigkeit, etwa durch Krankheiten, Unfallfolgen oder Auslandsaufenthalte? .... ☐

- Haben Sie Ihre Stellen häufig gewechselt? .... ☐

- Haben Sie Arbeitgeber, Tätigkeiten oder Branchen ohne erkennbaren Zusammenhang gewechselt? .... ☐

- Haben Sie sich bei Arbeitsplatzwechseln verbessert oder verschlechtert? .... ☐

- Haben Sie an Weiterbildungen teilgenommen oder Zusatzqualifikationen erworben? .... ☐

- Gibt es unklare Formulierungen, unvollständige Angaben oder Unstimmigkeiten? .... ☐

Lebenslauf in Aufsatzform

In sehr seltenen Fällen wird man in der Anzeige aufgefordert, einen handgeschriebenen Lebenslauf in Aufsatzform einzusenden.

Einen Aufsatz zu schreiben bedeutet nicht, dass Sie jetzt Ihre gesamte Lebensgeschichte erzählen und einen Roman abliefern. Grundsätzlich gilt alles, was zum tabellarischen Lebenslauf gesagt wurde, auch für die Aufsatzform.

Der Unterschied besteht im Wesentlichen darin, dass der Inhalt nicht in Stichworten, sondern in erzählender Form dargeboten wird. Auch für die Aufsatzform gilt also, dass sie kurz und präzise ist und nur die wichtigen Daten aufgeführt werden, die für eine Beurteilung der Qualifikation des Bewerbers erforderlich sind. Die Datengruppen des tabellarischen Lebenslaufes bleiben erhalten, aber die einzelnen Angaben müssen wie bei einer Erzählung verbunden werden.

Viele Bewerber haben Schwierigkeiten, die einzelnen Daten zu einem Aufsatz zu verbinden. Die Gefahr besteht, dass immer wieder ähnliche Formulierungen und der gleiche Satzbau verwendet werden, wie zum Beispiel:

»am… wurde ich, am… begann ich, am… erwarb ich, am… wechselte ich.

von… bis… besuchte ich, von… bis… absolvierte ich, von… bis… arbeitete ich.«

Achten Sie also darauf, dass die Formulierungen abwechseln, auch wenn das beim Lebenslauf nicht sehr einfach ist.

Damit der Lebenslauf in Aufsatzform übersichtlicher wird, sollte der Text in Absätze gegliedert werden. Ein neuer Absatz sollte dann gemacht werden, wenn ein neuer Lebensabschnitt beginnt.

Verwenden Sie für den handgeschriebenen Lebenslauf ebenfalls weißes, unliniertes DIN-A4-Papier. Legen Sie ein Linienblatt unter, wenn Sie Schwierigkeiten haben, eine gerade Zeile einzuhalten.

Sonstige Bewerbungsunterlagen

Foto

Für den ersten persönlichen Eindruck vom Bewerber hat das Foto oft einen hohen Stellenwert. Es kann spontan Sympathie auslösen oder das Gegenteil bewirken. Manchmal kann ein gutes Foto sogar ausschlaggebend für die Einladung zum Gespräch sein. Denn: »Ein Bild sagt mehr als 1000 Worte.«

Zwar ist das Foto ein überwiegend gefühlsmäßiges Beurteilungskriterium, aber jeder reagiert spontan darauf. Wer auf dem Foto gut aussieht, freundlich lächelt und einen aufgeschlossenen Eindruck erweckt, hat bessere Karten, mit seiner Bewerbung Erfolg zu haben, besonders dann, wenn der Beurteiler wenig andere Informationen über den Bewerber hat oder wenn Bewerber annähernd Gleiches zu bieten haben. Denn es gibt so etwas wie »Sympathie auf den ersten Blick«.

Sie sollten deshalb dafür sorgen, dass Ihr Foto einen positiven und sympathischen Eindruck erzeugt. Dazu gehört ein freundliches Gesicht ebenso wie korrekte Kleidung. Gerade in Berufen mit Kundenkontakt und Publikumsverkehr, wo es auf das Äußere ankommt, kann man mit dem Foto zeigen, dass man sich der Anforderungen bewusst ist.

Darauf sollten Sie beim Foto achten:

- Achten Sie auf eine gute Qualität des Fotos. Verwenden Sie daher auf keinen Fall Automatenfotos, sondern gehen Sie zu einem guten Fotografen. Das ist zwar teurer, aber das Foto soll ja für Sie werben.

- Gehen Sie an einem Tag zum Fotografen, an dem Sie sich wohl fühlen. Achten Sie auf eine gepflegte Frisur. Ziehen Sie korrekte Kleidung an wie zu einem Vorstellungstermin. Machen Sie ein freundliches und aufmerksames Gesicht.

- Das Foto sollte nicht älter als ein bis zwei Jahre sein. Sie können ein Schwarzweiß- oder Farbfoto wählen und es sollte Passbildgröße (ca. 6 mal 4 cm) haben oder sogar etwas größer sein.

- Meistens werden mehrere Bilder gemacht. Fragen Sie Freunde um Rat, wenn Sie unschlüssig sind, welches Bild den besten Eindruck macht.

- Verwenden Sie auf keinen Fall Familien- oder Urlaubsfotos (mit Pfeil »das bin ich«), auch wenn sie Ihnen gefallen.

- Schreiben Sie auf die Rückseite des Fotos Ihren Namen und Ihre Anschrift. Dann kann man das Foto wieder zuordnen, wenn es sich selbstständig gemacht hat.

- Befestigen Sie das Foto mit etwas Klebstoff oder Fotoecken rechts oben auf dem Lebenslauf. Verwenden Sie dazu keine Büroklammern, denn diese hinterlassen Kerben auf dem Foto. Alternativ können Sie das Foto auf ein eigens gestaltetes Deckblatt für Ihre Bewerbungsmappe kleben.

Zeugnisse

Die Kopien von Ausbildungs- und Arbeitszeugnissen dienen zum Nachweis der im Lebenslauf angegebenen Qualifikationen und

Tätigkeiten. Folgende Zeugniskopien können einer Bewerbung beigelegt werden:

- Schulabschlusszeugnis
- Ausbildungszeugnisse
- Examens-, Diplomzeugnis
- Praktikums- und Arbeitszeugnisse
- Zertifikate und Bescheinigungen über Weiterbildungen und Zusatzqualifikationen, wenn sie für die Stelle von Bedeutung sind.

Welche Zeugnisse Sie im Einzelnen mitschicken müssen, hängt davon ab, in welchem Stadium Ihrer beruflichen Entwicklung Sie sich befinden. So brauchen Sie nach vielen Jahren Berufstätigkeit Ihr Schulabschlusszeugnis nicht mehr beizulegen.

Verschicken Sie keine Originale. Sie können verloren gehen oder in schmutzigem Zustand zurückkommen. Achten Sie darauf, dass die Kopien eine gute Qualität haben und sauber sind. Besteht ein Zeugnis aus mehreren Seiten, müssen Sie natürlich sämtliche Seiten als Kopie mitschicken. Es ist nicht notwendig, die Zeugniskopien beglaubigen zu lassen. Bei Bedarf können sie mit dem Original verglichen werden.

Die Zeugnisse werden zeitlich so geordnet, dass das aktuellste Zeugnis oben liegt.

Arbeitsproben

Arbeitsproben sind nur in wenigen Berufen üblich. In künstlerischen und graphischen Berufen können Arbeitsproben allerdings das eigene Können und die fachliche Qualifikation besser unterstreichen als viele Worte. Dazu gehören beispielsweise eigene

Plakate, Zeichnungen, Pläne, Entwürfe, Fotos, Anzeigen und Veröffentlichungen. Kommentieren Sie Ihre Arbeiten, falls es notwendig ist, und stecken Sie sie zum Schutz in Klarsichthüllen.

Referenzen

In seltenen Fällen passiert es, dass der Bewerber aufgefordert wird, Referenzen anzugeben. Darunter versteht man Vertrauenspersonen, die positive Auskünfte über den Bewerber geben können. Dazu gehören vor allem frühere Chefs und Vorgesetzte, aber auch Lehrkräfte.

Bevor Sie jemanden als Referenzadresse angeben, sollten Sie sich erkundigen, ob er oder sie dazu bereit ist. Außerdem müssen Sie natürlich sicher sein, dass die Beurteilung positiv ausfallen wird.

Schriftprobe

Eher unüblich ist es auch, dass der Bewerber handgeschriebene Bewerbungsunterlagen beziehungsweise eine Schriftprobe einsenden soll. Das kann vorkommen, wenn der Betrieb ein graphologisches Gutachten durch einen Schriftpsychologen einholen will.

Berufsmäßige Graphologen versuchen aus dem Schriftbild Erkenntnisse über die Eignung des Bewerbers für eine bestimmte Stelle und seinen Charakter zu gewinnen. Solch ein Schriftgutachten soll beispielsweise Aufschluss geben über die geistigen Fähigkeiten, Fleiß, Ausdauer, Kontaktfähigkeit, Durchsetzungsvermögen oder Führungsqualitäten. Der Wert der Schriftanalyse ist allerdings umstritten.

Deckblatt

Für die Bewerbungsmappe kann man als erste Seite ein Deck-blatt gestalten. Besonders bei der Bewerbung um qualifizierte Stellen oder im Bürobereich ist es dazu geeignet, um sich von den Mitbewerbern abzuheben und der Bewerbung eine persön-liche Note zu geben. Ein Deckblatt kann folgende Bestandteile enthalten:

- Eine Überschrift wie »Bewerbung als ...«
- Das Foto
- Name
- Adresse mit Telefonnummer und E-Mail-Adresse
- Eventuell ein Inhaltsverzeichnis der Mappe

Der Titel erscheint in größerer Schrift. Das Bewerbungsfoto wird zentral aufgeklebt und kann ruhig etwas größer sein. Name und Kontaktdaten werden untereinander dargestellt. Ein Inhaltsver-zeichnis der Unterlagen ist nur sinnvoll, wenn die Bewerbungs-mappe außergewöhnliche Unterlagen enthält.

Bei der Gestaltung des Deckblatts haben Sie freie Hand. Sie sollten allerdings vermeiden, das Deckblatt mit überflüssigem Schnickschnack zu überladen.

Verpackung und Versand

Vor dem Verpacken müssen Sie die einzelnen Unterlagen in eine Bewerbungsmappe einsortieren. Das Anschreiben liegt im-mer lose obenauf. Es folgen der Lebenslauf mit Lichtbild, dann die Zeugnisse in zeitlicher Reihenfolge.

Benutzen Sie als Bewerbungsmappe keine Schnellhefter, sondern Klemmmappen aus Kunststoff mit Klarsichtdeckel. Sie lassen sich leicht handhaben und der Leser kann schnell Unterlagen herausnehmen und wieder hineintun.

Stecken Sie alles in einen ausreichend großen und stabilen Umschlag, damit Ihre Unterlagen weder geknickt noch zerfleddert ankommen. Der eigene Absender und die Firmenanschrift müssen gut lesbar und fehlerfrei sein.

Achten Sie auf eine ausreichende Frankierung Ihrer Bewerbung. Verzichten Sie auf Einschreiben, denn sie verursachen nur unnötige Kosten.

Überprüfen Sie Ihre Bewerbung vor dem Absenden anhand der folgenden Liste, damit Sie Flüchtigkeitsfehler vermeiden und nichts vergessen.

Vor dem Absenden

1. Enthält meine Bewerbung alle wichtigen Unterlagen und
Angaben? . . . .

2. Habe ich ein neueres Foto oben auf den Lebenslauf oder
auf ein Deckblatt geklebt? Wirke ich auf dem Foto
sympathisch? Steht auf der Rückseite mein Name und
meine Anschrift? . . . .

3. Sind Anschreiben und Lebenslauf unterschrieben? . . . .

4. Habe ich meine Bewerbung auf richtige Rechtschreibung,
Grammatik und Zeichensetzung überprüft? . . . .

5. Sind alle Unterlagen in der richtigen Reihenfolge in
eine Mappe einsortiert, das heißt Anschreiben lose obenauf,
Lebenslauf mit Foto, Zeugnisse, sonstige Anlagen?
Sind die Zeugnisse zeitlich mit dem
aktuellsten Zeugnis oben geordnet? . . . .

6. Habe ich im Hinblick auf ein Vorstellungsgespräch Kopien
von Anschreiben und Lebenslauf gemacht? . . . .

7. Sind die Firmenanschrift und der Name des
Ansprechpartners auf dem Umschlag und auf dem
Anschreiben richtig geschrieben?
Stimmen auch meine Absenderangaben? . . . .

8. Habe ich den Umschlag ausreichend frankiert? . . . .

Musterbewerbungen

Formulierungshilfen für das Anschreiben

Nehmen Sie sich ausreichend Zeit für einen Entwurf des Anschreibens. Überlegen Sie sorgfältig, was Sie schreiben und
womit Sie Interesse erwecken können.

Schreiben Sie Stichworte zu den folgenden Punkten auf, um
daraus den Text des Anschreibens zu erstellen:

1. Schildern Sie die wichtigsten Stationen Ihrer beruflichen Entwicklung.
2. Nennen Sie die wesentlichen Aufgaben Ihrer jetzigen beziehungsweise letzten Tätigkeit.
3. Beschreiben Sie Ihre wesentlichen Fähigkeiten und Eignungsmerkmale im Hinblick auf die angestrebte Tätigkeit. Überlegen Sie, wodurch Sie sich von Mitbewerbern abheben können.
4. Stellen Sie Ihren Nutzen für einen möglichen Arbeitgeber
   heraus. Sagen Sie, was Sie besonders gut können.
5. Es ist von Vorteil, wenn Sie begründen können, warum Sie den
   Job haben wollen oder was Sie an der angestrebten Stelle besonders interessiert.

Die folgenden Textbausteine für die einzelnen Abschnitte des Anschreibens sollen Ihnen bei der Formulierung helfen.

Einleitung Stellenangebot

Die von Ihnen ausgeschriebene Stelle/Position als ... entspricht genau meinen Fähigkeiten und Vorstellungen.

Für die von Ihnen ausgeschriebene Stelle als ... bringe ich alle Voraussetzungen mit. Deshalb bewerbe ich mich bei Ihnen.

Auf die von Ihnen ausgeschriebene Stelle bewerbe ich mich gern, weil ich Ihre Anforderungen erfüllen kann.

Meine Qualifikation entspricht den in Ihrer Anzeige genannten Anforderungen. Deshalb bewerbe ich mich bei Ihnen als ...

In Ihrer Anzeige beschreiben Sie eine Tätigkeit/berufliche Aufgabe, die mich sehr interessiert und die genau meinen Fähigkeiten und Vorstellungen entspricht.

Die in Ihrer Anzeige dargestellten Aufgaben sind eine reizvolle Herausforderung, der ich mich gern stellen möchte.

Ich bewerbe mich auf Ihre Stellenanzeige, da ich überzeugt bin, Ihren Anforderungen zu entsprechen.

In dem in Ihrer Anzeige geschilderten Aufgabenbereich besitze ich umfangreiche Erfahrungen und erfülle deshalb die von Ihnen geforderten Voraussetzungen.

In dem in Ihrer Anzeige dargestellten Aufgabenbereich bin ich schon viele Jahre erfolgreich tätig. Ihre Anforderungen kann ich deshalb erfüllen.

In Ihrer Anzeige suchen Sie einen ...(Stellenbezeichnung) mit Erfahrungen im Bereich ... Da ich Ihren Anforderungen entspreche, sende ich Ihnen meine Bewerbung.

Einleitung Initiativbewerbung

Ihre Internetseiten haben mein Interesse an Ihrem Unternehmen geweckt und sind der Anlass, mich bei Ihnen als ... zu bewerben.

Von einem Bekannten habe ich erfahren, dass Sie neue Mitarbeiter im Bereich ... suchen.

Herr/Frau ... teilte mir mit, dass Sie eine/n ... suchen.

Aus der Zeitung habe ich erfahren, dass Sie demnächst eine neue Filiale in ... eröffnen. Deshalb möchte ich mich bei Ihnen vorstellen und als ... bewerben.

Ich werde in zwei Monaten mein ... -Studium mit dem Diplom abschließen und suche nun eine Anfangsstellung im Bereich ..., wo ich meine Kenntnisse praktisch einsetzen kann.

Suchen Sie eine motivierte und zuverlässige Mitarbeiterin für ...? Wenn ja, möchte ich mich Ihnen kurz vorstellen.

Ich bin ... und interessiere mich für eine Stelle im Bereich ...

Wie telefonisch vereinbart, sende ich Ihnen meine Bewerbung als ...

Ich bedanke mich für das freundliche und informative Telefonat. Wie vereinbart sende ich Ihnen meine Bewerbung als ...

Beruflicher Werdegang

Ich bin ... Jahre alt und seit Abschluss meiner Ausbildung bei der Firma ... im Bereich ... tätig.

Wie Sie den beigefügten Unterlagen entnehmen können, habe ich zunächst eine Ausbildung als ... abgeschlossen und anschließend ... Jahre als ... im Bereich ... gearbeitet.

Ich habe vor einem Monat mein XY-Studium an der ...-Universität mit dem Diplom abgeschlossen. Die Schwerpunkte meines Studiums waren ...

Seit ... arbeite ich bei der Firma ... im Bereich ... Dort bin ich für ... zuständig.

Während meiner Tätigkeit in der Firma ... habe ich umfassende Kenntnisse/Erfahrungen im Bereich ... erworben.

Aus den Stationen meines beruflichen Werdegangs ersehen Sie, dass ich ...

Augenblicklich arbeite ich in ungekündigter Stellung bei ...

Zurzeit nehme ich an einer ...-monatigen Fortbildung zum ...
teil, die ich am ... (Zeitangabe) abschließen werde.

Weitere Einzelheiten meines beruflichen Werdegangs entnehmen Sie bitte den beigefügten Unterlagen.

Fähigkeiten und Kenntnisse

In meiner Funktion als ... konnte ich umfassende Erfahrungen im Umgang mit ... sammeln.

Durch meine Tätigkeit als ... bin ich mit ... vertraut.

Schon während meines Studiums habe ich mich intensiv mit ... beschäftigt.

Aufgrund eines ... (Zeitraum) Auslandsaufenthaltes in ... (Land) besitze ich sehr gute ... (Sprache) Kenntnisse.

Für die ausgeschriebene Position bringe ich folgende Voraussetzungen mit: ...

Ich habe Erfahrung im Umgang mit ... Außerdem habe ich gute ...kenntnisse.

In dieser Funktion war ich für ... verantwortlich.

Zu meinen wesentlichen Aufgaben gehörte ...

Mein Aufgabenbereich umfasstex...

Der Schwerpunkt meiner Tätigkeit lag in ...

Durch verschiedene Lehrgänge habe ich mir gute Kenntnisse in ... angeeignet.

Persönliche Stärken/Merkmale

Meine Stärken sind ... (Eigenschaften).

... (Eigenschaften) zählen zu meinen persönlichen Stärken.

Neben meinen fachlichen Fähigkeiten runden die gewünschten Eigenschaften ... meine Qualifikation ab.

Wie Sie aus meinen Unterlagen ersehen können, bin ich ... (Eigenschaften).

Mein ... (Eigenschaft) konnte ich bereits bei ... unter Beweis stellen.

Ich bin es gewohnt, selbstständig und eigenverantwortlich zu arbeiten.

Auch unter Termindruck und Stress bin ich in der Lage, zuverlässig und engagiert zu arbeiten.

Auch unter Stress behalte ich einen klaren Kopf/den Überblick.

Ich erledige auch schwierige Aufgaben eigenverantwortlich und selbstständig.

Grund der Bewerbung

Eine Tätigkeit im Bereich ... war schon immer mein angestrebtes Berufsziel.

Da ich in meiner jetzigen Firma keine Entwicklungsmöglichkeiten habe, ...

Da ich eine umfassendere und verantwortungsvollere Tätigkeit übernehmen möchte ...

Da die derzeitige Personalsituation in meiner Firma einen Aufstieg nicht zulässt ...

Da ich mich einer neuen Herausforderung stellen möchte, ...

Ich habe den Wunsch, meine Fähigkeiten in einer Position mit größerer Verantwortung einzusetzen ...

Ich möchte mich aus persönlichen/betriebsinternen Gründen verändern.

Da mein Arbeitsverhältnis aufgrund betrieblicher Umstrukturierungen zum ... aufgelöst wird ...

Da mein jetziger Arbeitsvertrag befristet ist, suche ich eine neue Stelle.

Wegen ... (zum Beispiel Kündigung/Betriebsschließung) bin ich auf der Suche nach einem neuen Arbeitsplatz.

Nach meinem Erziehungsurlaub/da meine Kinder mittlerweile alt genug sind, möchte ich wieder ins Berufsleben zurückkehren.

Gehaltsvorstellung

Zurzeit verdiene ich... Euro pro Monat/Jahr.

Gegenwärtig bekomme ich 13 Monatsgehälter von ... Euro zuzüglich...

Mein derzeitiges Jahreseinkommen beträgt ... Euro. Bei einem Stellenwechsel möchte ich mich verbessern.

Ein Anfangsgehalt von etwa ... Euro pro Jahr halte ich für angemessen.

Meine Gehaltsvorstellungen liegen zwischen... Euro und... Euro im Jahr.

Eintrittstermin

Eine Tätigkeit bei Ihnen könnte ich zum ... aufnehmen.

Ich könnte sofort/zum frühestmöglichen Termin bei Ihnen anfangen.

Die Mitarbeit könnte ich sofort aufnehmen.

Da ich mich in ungekündigter Stellung befinde, könnte ich frühestens am... bei Ihnen anfangen.

Als Antrittstermin käme bei fristgemäßer Kündigung der... in Frage.

Abschlussformulierung

Über einen Vorstellungstermin/eine positive Nachricht würde ich mich freuen.

Über die Gelegenheit zu einem persönlichen Gespräch würde ich mich sehr freuen.

Ich würde mich freuen, mich persönlich bei Ihnen vorstellen zu dürfen.

Weitere Einzelheiten würde ich Ihnen gerne in einem persönlichen Gespräch erläutern.

In einem persönlichen Gespräch möchte ich Sie gerne von meiner Eignung/meinen Fähigkeiten überzeugen.

Habe ich Ihr Interesse geweckt? Dann freue ich mich auf ein persönliches Gespräch.

Über die Einzelheiten würde ich gerne persönlich mit Ihnen sprechen. Wann darf ich mich bei Ihnen vorstellen?

Weitere Einzelheiten bespreche ich gerne bei einem Vorstellungstermin mit Ihnen.

Bitte benachrichtigen Sie mich, wann ich mich bei Ihnen vorstellen darf.

Ich würde mich freuen, wenn ich in Ihrem Unternehmen bald meine Einsatzbereitschaft beweisen könnte.

Für weitere Auskünfte stehe ich Ihnen gerne in einem persönlichen Gespräch zur Verfügung.

Auf Ihre Einladung zu einem Vorstellungsgespräch freue ich mich.

Erfolgreiche Musteranschreiben für unterschiedliche Berufe

Die folgenden Muster zeigen Ihnen, wie Sie Ihr Anschreiben inhaltlich verfassen und gestalten können. Benutzen Sie die Beispiele nur als Orientierungshilfe und schreiben Sie die Musterbewerbungen nicht einfach ab. Mit einem individuellen Schreiben, das zu Ihnen passt, werden Sie sicher mehr Interesse erwecken.

65

Olga Wiezorek   6. Mai 20xx

Eichenweg 50
48153 Münster
Telefon: 01 60–9 14 56 55

Seniorenzentrum St. Josef
Frau Kordes
Am Waldring 34

48231 Münster

Ihre Stellenausschreibung bei der Arbeitsagentur
Bewerbung als Altenpflegehelferin

Sehr geehrte Frau Kordes,

von meinem Arbeitsvermittler Herrn Thiemann von der Arbeitsagentur Münster habe ich erfahren, dass Sie eine Altenpflegehelferin mit Berufserfahrung für Ihr neues Seniorenzentrum einstellen.

Seit über zwölf Jahren bin ich bei unterschiedlichen Trägern
als Altenpflegehelferin beschäftigt. Mein Aufgabenbereich
umfasste die Körperpflege und Sorge für die Ernährung der
Bewohner, die Pflegedokumentation, die Vor- und Nachbereitung
der Behandlungspflege und die Organisation sozialer und
kultureller Aktivitäten.

Im Umgang mit alten Menschen bin ich einfühlsam, liebe- und
verständnisvoll. Mit schwierigen Situationen werde ich gut fertig
und bei Stress behalte ich den Überblick. Weiterhin bin ich jederzeit einsatzbereit, körperlich belastbar, teamfähig und kann gut
organisieren.

Da meine letzte Stelle bei den Marseille-Kliniken nicht weiter
verlängert wurde, suche ich einen neuen Arbeitsplatz, an welchem
ich meine Erfahrungen einsetzen kann.

Über einen Vorstellungstermin würde ich mich sehr freuen.

Mit freundlichen Grüßen
(Unterschrift)

Anlagen

Silke Hanisch
Sonnenstr. 15 10234 Berlin Telefon (0 30) 12 34 56
E-Mail: silke.hanisch@gmx.de

Orion GmbH & Co. KG
Herrn Singer
Postfach 4567

10435 Berlin

12.06.20xx

Ihre Anzeige in der Berliner Zeitung vom 10.06.20xx
»Ausbildungsleiter/in«

Sehr geehrter Herr Singer,

ich beziehe mich auf unser Telefonat von heute und sende Ihnen
wie vereinbart meine Bewerbung als Ausbildungsleiterin für den
kaufmännischen Nachwuchs.

Hier noch einmal die wichtigsten Angaben zu meiner Person:
Ich bin staatlich geprüfte Betriebswirtin und seit vier Jahren in meiner
derzeitigen Firma, zuerst als kaufmännische Sachbearbeiterin und
seit zwei Jahren als Stellvertreterin des Personalleiters, beschäftigt. Zu
meinem Aufgabengebiet gehört die Bearbeitung von Bewerbungsunterlagen, das Führen von Vorstellungsgesprächen und die Personaleinsatzplanung. Weiterhin bin ich für die inhaltliche und zeitliche Planung der
kaufmännischen Ausbildung, die Beurteilung der Auszubildenden und
die Überwachung der Ausbildungsnachweise zuständig. Engagement,
Organisationsvermögen, Kommunikations- und Teamfähigkeit zählen zu
meinen persönlichen Stärken.

Die derzeitige Personalsituation in meiner Firma lässt einen Aufstieg
nicht zu. Da ich mich aber beruflich weiterentwickeln möchte, stellt Ihr
Angebot eine reizvolle Herausforderung für mich dar.

Mein bisheriger Arbeitgeber ist von meinen Veränderungswünschen
noch nicht unterrichtet. Deshalb bitte ich Sie, von Rückfragen vorerst
abzusehen.

Bei fristgemäßer Kündigung könnte ich am 1. Oktober bei Ihnen
anfangen. In einem persönlichen Gespräch stehe ich Ihnen gerne für
weitere Informationen zur Verfügung.

Mit freundlichen Grüßen
(Unterschrift)

Anlagen

Axel Schuhmann   5. Januar 20xx
Bochumer Str. 30
44575 Castrop-Rauxel
Telefon: 01 79–9 62 00 15

Reckert Montagetechnik GmbH
Herrn Holger Brockmann
Koppelweg 1

40135 Düsseldorf

Ihre Anzeige in jobboerse.de
Bewerbung als Außendienstmitarbeiter

Sehr geehrter Herr Brockmann,

ich beziehe mich auf mein Telefonat mit Ihrer Mitarbeiterin Frau
Grunau und sende Ihnen wie vereinbart meine Bewerbungsunterlagen. Die von Ihnen ausgeschriebene Stelle als Außendienstmitarbeiter entspricht genau meinen Vorstellungen und
meiner Qualifikation.

Ich bin ausgebildeter Fachwerker und Maschinenbauschlosser
und habe in den letzten zehn Jahren in leitender Funktion im
Bereich Industriemontagen gearbeitet. In dieser Position umfasste
mein Aufgabenbereich die Baustellenkoordination und die
termingerechte Abwicklung der Baustellenaufträge sowie die
Kundenberatung und -betreuung. Dabei habe ich Kunden auch
bezüglich eines effizienteren Einsatzes der Maschinen und
Qualitätssteigerungen beraten.

Die von Ihnen gewünschten kaufmännischen Kenntnisse habe
ich mir durch meine bisherige Tätigkeit angeeignet. Ein selbst-
sicheres und überzeugendes Auftreten, eine gute Kontakt- und
Kommunikationsfähigkeit und eine gute sprachliche Ausdrucks-
fähigkeit ergänzen meine fachliche Qualifikation.

Habe ich Ihr Interesse erweckt? Dann freue ich mich auf ein
persönliches Gespräch mit Ihnen.

Mit freundlichen Grüßen
(Unterschrift)

Anlagen

Jürgen Wehner   Weimarer Straße 2
                                               47065 Duisburg
                                               0 175/3 23 1234

Gehrken Straßen- und Tiefbau GmbH
Herrn Behrend
Leipziger Straße 21

47051 Duisburg   16. Juli 20xx

Bewerbung als Baumaschinenführer

Sehr geehrter Herr Behrend,

durch ein Telefonat mit Ihrer Mitarbeiterin habe ich erfahren,
dass Sie einen erfahrenen Baumaschinenführer suchen. Diese
Qualifikation besitze ich und bewerbe mich deshalb bei Ihnen.

Als Baumaschinenführer mit langjähriger Berufspraxis besitze
ich Erfahrungen im Umgang mit Baggern und Raupenfahr-
zeugen verschiedener Bauarten. Mit folgenden Aufsätzen habe
ich bisher im Tief- und Straßenbau gearbeitet:

- Greifer
- Tieflöffel
- Großraumlöffel
- Felsmeißel
- Hydraulikramme

Meine Arbeitsweise zeichnet sich durch Gewissenhaftigkeit,
Umsicht und Verantwortungsbewusstsein aus. Auch in Stress-
situationen verliere ich nicht die Übersicht. Ich bin körperlich
sehr belastbar, habe eine schnelle Auffassungsgabe und ein
gutes technisches Verständnis. Angaben zu meinen bisherigen
Tätigkeiten finden Sie in den beigefügten Unterlagen.

Da ich arbeitssuchend bin, könnte ich sofort bei Ihnen anfangen. Über eine positive Antwort würde ich mich sehr freuen.

Mit freundlichen Grüßen
(Unterschrift)

Anlagen

Lars Albrecht   16. Juli 20xx
Brückenweg 14
45245 Essen
02 01/20 71 14

Thelen Bauzentrum GmbH
Herrn Droste
Danziger Straße 1–3

45968 Gladbeck

Ihre Stellenausschreibung im Internetportal des Arbeitsamtes
Bewerbung als Baustoffverkäufer im Großhandel

Sehr geehrter Herr Droste,

wie in dem freundlichen Telefonat von heute mit Ihnen vereinbart,
sende ich Ihnen meine Bewerbung als Baustoffverkäufer im Großhandel. Die wesentlichen Informationen zu meiner Person fasse
ich noch einmal zusammen.

Ich bin 24 Jahre alt und habe gerade meine Ausbildung als Kaufmann im Groß- und Außenhandel abgeschlossen. Während meiner
Ausbildung im Stahlhandel habe ich alle Abteilungen von der Auftragsbearbeitung über die Buchhaltung bis zur Personalverwaltung
durchlaufen und war auch mit der Betreuung von Großkunden be-
traut. Neben den gewünschten kaufmännischen Kenntnissen besitze ich sehr gute EDV-Kenntnisse in Word und Excel. Zu meinen
persönlichen Stärken zählen Leistungsbereitschaft, ein zuvorkom-
mender Umgang mit Kunden und Organisationstalent. Deswegen
bin ich überzeugt, auch als Berufsanfänger Ihren Anforderungen
gerecht zu werden.

Aus betrieblichen Gründen konnte ich nach der Ausbildung nicht
übernommen werden. In einem persönlichen Gespräch stehe ich
Ihnen für weitere Einzelheiten gerne zur Verfügung.

Mit freundlichen Grüßen
(Unterschrift)

Anlagen

Hans-Dieter Waasmeier   15. Mai 20xx

Breddestr. 7
44381 Dortmund
Tel.: 02 31 – 76 64 06

Veba-Kraftwerk GmbH
Frau Rost
Wittener Straße 12

45811 Hamm

Ihre Anzeige in den Ruhr-Nachrichten vom 12. Mai 20xx
Bewerbung als Betriebselektriker

Sehr geehrte Frau Rost,

in Ihrer Anzeige suchen Sie einen zuverlässigen und erfahrenen Mitarbeiter für Wartungs- und Reparaturarbeiten an Ihren Betriebsanlagen. Da ich in diesem Bereich umfassende Erfahrungen habe, möchte ich gerne bei Ihnen arbeiten.

Ich bin ausgebildeter Elektroanlageninstallateur und Energieanlagenelektroniker und arbeite seit über zehn Jahren als Elektromonteur bei der Firma Miebach in Herne. In dieser Zeit war ich hauptsächlich für Kunden aus der Großchemie tätig. Zu meinem Aufgabengebiet gehörten die Modernisierung und der Umbau von Elektroanlagen. Da ich oft mit Anlagen zu tun habe, die explosive Stoffe enthalten, ist eine sehr präzise, verantwortungsvolle Arbeitsweise, verbunden mit einem guten technischen Verständnis, für mich selbstverständlich. Diese Erfahrungen kann ich für die anstehenden Wartungs- und Reparaturarbeiten hervorragend nutzen.

Wegen Auftragsmangel in meiner jetzigen Firma könnte ich sofort bei Ihnen anfangen. Auch Wochenendarbeit und Wechselschicht sind kein Problem für mich.

Gerne würde ich Sie von meiner Eignung in einem persönlichen Gespräch überzeugen.

Mit freundlichen Grüßen
(Unterschrift)

Anlagen

Lisa Schulz
Wiesenstr. 33
60323 Frankfurt
☎ 0 69–23 23 23

Marxtechno GmbH
Herrn Marx
Schweizer Str. 10

60311 Frankfurt/M   11. April 20xx

Unser Telefonat vom 10.04.20xx
Bewerbung als Bürokauffrau

Sehr geehrter Herr Marx,

wie heute telefonisch vereinbart, sende ich Ihnen meine Bewerbung als Bürokauffrau. Für die von Ihnen angesprochenen Aufgaben bringe durch meine mehrjährige Berufserfahrung alle Voraussetzungen mit.

Seit Abschluss meiner Ausbildung als Bürokauffrau vor vier Jahren bin ich bei der Immobilienfirma Schneider GmbH beschäftigt. Zu meinen Aufgaben gehören die selbstständige Erledigung der Geschäftskorrespondenz, die Terminorganisation, die Buchhaltung, die Überwachung des Zahlungsverkehrs und die Gehaltsabrechnung. Selbstverständlich beherrsche ich am PC den sicheren Umgang mit Word, Excel und Outlook. Im Umgang mit Kunden und Mitarbeitern bin ich freundlich und zuvorkommend. Zudem bin ich belastbar und behalte auch in hektischen Situationen den Überblick. Bitte überprüfen Sie daraufhin auch die Beurteilung im beigefügten Zwischenzeugnis.

Da mein Arbeitsverhältnis wegen Konkurses der Firma zum Ende des Monats aufgelöst wird, bin ich auf der Suche nach einer neuen Stelle. Daher könnte ich sofort bei Ihnen anfangen.

Wenn Sie eine Mitarbeiterin suchen, die auch bei Stress immer den Überblick behält, dann bin ich die Richtige für Sie. Auf ein persönliches Gespräch mit Ihnen freue ich mich.

Mit freundlichen Grüßen
(Unterschrift)

Anlagen

Anna Tillmann

Overbergstr. 17 ♦ 45164 Essen ♦ Telefon 02 01–53 81 16

Citibank AG
Frau Klatt
Rheinische Str. 10

40213 Düsseldorf

27. August 20xx

Bewerbung als Call-Center-Agentin

Sehr geehrte Frau Klatt,

aufgrund des freundlichen und informativen Telefonats mit
Ihnen bewerbe ich mich für den Inbound-Bereich.

Ich bin ausgebildete Verkäuferin und nach einer Weiterbildung zur Call-Center-Agentin seit einem Jahr im In- und
Outbound-Bereich der Firma Call-On in Essen auf Teilzeit-
basis beschäftigt. Mein Aufgabenfeld umfasst die allgemeine
Kundenbetreuung und -beratung und das Führen von Verkaufs-
gesprächen.

Besonders der Inbound-Bereich macht mir Freude, da ich die
Anliegen der Kunden oft nicht nur weiterleiten, sondern auch
selbst bearbeiten kann. Ich möchte mich verändern, weil Sie
eine Vollzeitstelle und Entwicklungsmöglichkeiten in Ihrem
Hause anbieten. Wichtige Eigenschaften, die ich für die Tätigkeit mitbringe, sind:

> ➢ Eine angenehme und freundliche Telefonstimme,
> ➢ ein guter sprachlicher Ausdruck,
> ➢ gute EDV-Kenntnisse in Word, Excel und Access,
> ➢ Einsatzfreude, Lernbereitschaft, Flexibilität und Eigen-
>   verantwortung.

Wenn Sie eine Mitarbeiterin suchen, die auch in stressigen
Situationen die Freude an der Arbeit und ihren Charme behält,
dann bin ich die Richtige für Sie.

Ich freue mich auf ein persönliches Gespräch mit Ihnen.

Mit freundlichen Grüßen
(Unterschrift)

Anlagen

Andrea Wehner • Am Stadtgarten 3 • 58455 Witten
Telefon: 02302 / 45210

Bürgermeister der Stadt Menden
Abt. Verwaltungssteuerung
Postfach 2852

58688 Menden

26.11.20xx

Ihre Stellenanzeige vom 19.11.20xx in der WAZ
Bewerbung als Diplom-Forstwirtin

Sehr geehrte Damen und Herren,

auf Ihre Anzeige bewerbe ich mich, weil Sie auch Berufseinsteiger
ansprechen und ich Ihre Anforderungen erfüllen kann.

Ich habe eine Ausbildung als Forstwirtin abgeschlossen und anschließend ein Studium der Fortwirtschaft absolviert. Während
meines Studiums und direkt danach habe ich insgesamt drei mehr-
monatige Praktika in den USA beim Forest-Service mit Schwerpunkt Waldbau gemacht. Meine Anwärterzeit für den gehobenen
Forstdienst habe ich im Forstamt Arnsberg durchgeführt und Ende
Oktober abgeschlossen. Jetzt suche ich eine Einstiegsposition,
in welcher ich meine Fähigkeiten unter Beweis stellen kann.

Selbstverständlich besitze ich die gewünschten fundierten Kenntnisse im Bereich des Waldbaus und der forstwirtschaftlichen
Arbeitslehre und kenne mich in den einschlägigen EDV-Verfahren
aus. Meine fachliche Eignung wird durch gute betriebswirtschaft-
liche Kenntnisse und den Ausbildereignungsschein ergänzt. Zu
meinen persönlichen Stärken gehört ein hohes Maß an Eigeninitiative, eine hohe Motivation und die gewünschte Kooperationsfä-
higkeit, um mit Behörden und anderen Forstunternehmen
zusammenzuarbeiten. Gern bin ich auch bereit, die in Menden vor-
handene Dienstwohnung zu beziehen.

Weitere Einzelheiten würde ich gerne bei einem persönlichen
Vorstellungstermin mit Ihnen besprechen.

Mit freundlichen Grüßen
(Unterschrift)

Anlagen

Birgit Kampmann   18. August 20xx

Hellweg 216
44385 Dortmund
Telefon: 0231–608851

Bonita Mode GmbH
Personalabteilung
Kopernikusstr. 16

58135 Hagen

Bewerbung als DOB-Verkäuferin

Sehr geehrte Damen und Herren,

aus der Zeitung habe ich erfahren, dass Sie demnächst eine neue Filiale
in Dortmund-Mengede eröffnen. Gerne möchte ich in Ihrem Verkaufsteam
arbeiten und mich deshalb kurz vorstellen.

Ich bin ausgebildete Groß- und Außenhandelskauffrau im Textilbereich
und habe zehn Jahre im DOB-Bereich eines Modehauses, zuletzt als Ab-
teilungsleiterin, gearbeitet. Zu meinen Aufgaben gehörten der Verkauf, die
Präsentation der Waren, die Tätigkeit an der Kasse, die Personalplanung,
die Durchführung von Einkäufen und die Bearbeitung von Bestellungen
und Reklamationen.

Meine besonderen Stärken sehe ich in der kompetenten und stilsicheren
Beratung der Kunden, meinen organisatorischen Fähigkeiten sowie meiner
Warenpräsentation. Ich verstehe es, auch anspruchsvolle Kunden gut zu
beraten und zufrieden zu stellen. Wegen Geschäftsaufgabe suche ich eine
neue Stelle, in welcher ich meine Erfahrungen einsetzen kann.

Habe ich Ihr Interesse geweckt? Dann freue ich mich über die Einladung
zu einem persönlichen Gespräch.

Mit freundlichen Grüßen
(Unterschrift)

Anlagen

75

Bernd Klaas

Rundweg 12 • 20345 Hamburg • Tel.: 040–123456
b.klass@freenet.de

BSU-Akademie GmbH
Herrn Siewert
Poststr. 19

20449 Hamburg

22.4.20xx

**Ihre Anzeige bei jobpilot.de vom 15.4.20xx
»EDV-Trainer für MS-Office-Schulungen«**

Sehr geehrter Herr Siewert,

in der in Ihrer Anzeige dargestellten Tätigkeit als EDV-Trainer
bin ich seit einigen Jahren tätig und kann Ihre Anforderungen
daher erfüllen.

Ich bin Diplom-Pädagoge und habe mich durch eine Weiterbildung zum EDV-Trainer für die MS-Office-Anwendungen weiterqualifiziert. Seitdem bin ich als freiberuflicher EDV-Dozent für
zwei Schulungsinstitute tätig und führe zudem auch Inhouse-
Schulungen durch. Meine Tätigkeit umfasst

> ➢ die Konzeption und Durchführung von Schulungen zu
>   allen MS-Office-Anwendungen und Internet,
> ➢ die Erstellung von Schulungsunterlagen und Seminar-
>   material,
> ➢ die Tätigkeit als Buchautor für die Office-Anwendungen
>   Excel und PowerPoint für einen bekannten EDV-Verlag.

Ich verstehe es, den Unterricht interessant und abwechslungs-
reich zu gestalten und den Seminarstoff gut zu vermitteln.

Ihr Angebot interessiert mich besonders auch deshalb, weil Sie
eine Festanstellung anbieten. Ich bin flexibel einsetzbar und auch
gelegentliche Reisen machen mir nichts aus.

Habe ich Sie neugierig gemacht? Dann freue ich mich auf Ihre
Einladung zu einem persönlichen Gespräch.

Mit freundlichen Grüßen
(Unterschrift)

Anlagen

Roland Wendel

Lindenstr 11 23456 Holzen ☎ 02123 – 12345
roland.wendel@web.de

KARAT GmbH
Herrn Peter Ludwig
Wasserstr. 10

40235 Düsseldorf

18. August 20xx

**Ihre Anzeige vom 12.08.20xx in »www.stepstone.de«
Bewerbung als Einkaufsleiter**

Sehr geehrter Herr Ludwig,

mein Telefonat mit Ihnen hat mich darin bestärkt, mich in
Ihrem Unternehmen zu bewerben. Aufgrund meiner umfangreichen Erfahrungen im Einkauf kann ich Ihre Anforderungen
erfüllen.

Ich bin Diplom-Betriebswirt und seit vier Jahren als Einkaufsleiter eines Zulieferers der Automobilindustrie tätig. In dieser
Position bin ich zuständig für die Steuerung und Überwachung
der Materialbeschaffung, die Kontaktpflege zu den Lieferanten
und Verhandlungsführung, die Markt- und Preisanalyse und
die Entwicklung von Beschaffungskonzepten.

Im Rahmen meiner Tätigkeit habe ich mir gute Kenntnisse im
Vertragsrecht angeeignet. Zudem spreche ich verhandlungssicheres Englisch und besitze gute EDV-Kenntnisse in SAP
und MS-Office. Weiterhin zählen die gewünschten Eigenschaften sicheres und gewandtes Auftreten, Verhandlungsgeschick,
Durchsetzungs- und Organisationsvermögen zu meinen
persönlichen Stärken.

Wegen Übernahme der Firma und damit verbundener
Umstrukturierungen suche ich eine neue Herausforderung,
bei welcher ich meine Erfahrungen einsetzen kann. Meine
Gehaltsvorstellungen liegen bei... Euro.

Gern bespreche ich weitere Einzelheiten in einem persönlichen Gespräch mit Ihnen.

Mit freundlichen Grüßen
(Unterschrift)

Anlagen

Sabine Harenberg   26. Oktober 20xx

Marsbergstraße 6a
70213 Stuttgart
0711/345678

Kath. Kirchengemeinde St. Marien
Frau Schulz
Bockenfelder Straße 34

70175 Stuttgart

Bewerbung als Erzieherin

Sehr geehrte Frau Schulz,

mit großem Interesse habe ich durch meinen Arbeitsvermittler erfahren, dass Sie eine Erzieherin für Ihre Einrichtung suchen. Da
ich aufgrund meiner beruflichen Erfahrungen Ihre Voraussetzungen erfülle, möchte ich mich Ihnen vorstellen.

Ich bin 41 Jahre alt, staatlich anerkannte Erzieherin und war bis
zur Geburt meines Kindes sechs Jahre als Gruppenleiterin in
einem katholischen Kindergarten tätig. Konstruktive Teamarbeit,
aktive Elternarbeit und die Vermittlung katholischer Wertvorstel-
lungen prägen meinen Arbeitsstil. Aufgrund meines Einfühlungs-
vermögens und einer guten Beobachtungsgabe habe ich ein Ge-
spür für die Interessen, Bedürfnisse und Fähigkeiten der Kinder
und war deshalb bei ihnen sehr beliebt. Mein Ziel ist es, die
Entwicklung der einzelnen Kinder zu unterstützen und ihre Fähigkeiten zu fördern.

Nach meiner Familienphase bin ich seit einem Jahr wieder in
einem katholischen Kindergarten als Ergänzungskraft tätig. Dieses
befristete Arbeitsverhältnis konnte aus Kostengründen nicht verlängert werden, so dass ich die Tätigkeit in Ihrer Einrichtung zu
Beginn des kommenden Monats aufnehmen könnte.

Gerne möchte ich meine Fähigkeiten in Ihrem Team einsetzen und
freue mich auf ein persönliches Gespräch mit Ihnen.

Mit freundlichen Grüßen
(Unterschrift)

Anlagen

SILKE KIRCHNER
Kantstr. 23 01138 Dresden Telefon: 0177–2345678
silke.kirchner@freenet.de

Hotel Wittelsbacher Hof
Frau Schreiber
Elbuferstr. 30

01285 Dresden

14. April 20xx

Ihre Anzeige in hoteljobs.de vom 10. April 20xx

Sehr geehrte Frau Schreiber,

in Ihrer Anzeige suchen Sie eine engagierte und freundliche Mitarbeiterin
für die Rezeption Ihres Hotels, die in der Lage ist, den Gästen den gehobenen Standard Ihres Hauses zu vermitteln. Diese Anforderungen kann ich
erfüllen.

Im Juni werde ich meine Ausbildung zur Hotelfachfrau im Hotel Senator
beenden. Derzeit arbeite ich im Empfangsbereich des Hotels und bin für
das Ein- und Auschecken der Gäste zuständig, erteile persönlich und
am Telefon Auskünfte und helfe bei allen Problemen weiter. Ich bin es
gewohnt, zuverlässig und teamorientiert mit anderen zusammenzuarbeiten. Dabei kann ich auch mit schwierigen Gästen gut umgehen,
behalte in stressigen Situationen immer einen klaren Kopf und kann
mich schnell auf wechselnde Situationen einstellen.

Die Arbeit im Empfangsbereich und der Umgang mit den Gästen gefallen
mir sehr, da ich hier meine Fähigkeiten gut einsetzen kann. Deshalb
möchte ich weiter an der Rezeption tätig sein.

Da ich für die Zeit nach der Ausbildung eine neue Stelle in einem renom-
mierten Hotel suche, hat Ihr Angebot mein Interesse geweckt.

Ich würde gerne Ihr Team verstärken und stehe Ihnen für ein persönliches
Gespräch jederzeit zur Verfügung.

Mit freundlichen Grüßen
(Unterschrift)

Anlagen:
Lebenslauf
Lichtbild
Zeugniskopien

Rainer Klaasen
Glückaufstr. 14 • 45134 Essen • Telefon (0201) 654321

BMW-Autohaus Kuhnert GmbH
Herrn Ziegler
Gutenbergstr. 15

44123 Essen

20.09.20xx

Ihre Anzeige in der WAZ vom 15.09.20xx
Bewerbung als KFZ-Mechaniker

Sehr geehrter Herr Ziegler,

in Ihrer Anzeige suchen Sie einen erfahrenen KFZ-Mechaniker
mit guten Kenntnissen in der KFZ-Elektronik. Da ich die von
Ihnen geforderte Qualifikation und Berufserfahrung besitze,
bewerbe ich mich um diese Stelle.

Kurz zu meiner Person: Ich bin 25 Jahre alt, ausgebildeter
KFZ-Mechaniker und arbeite seit vier Jahren bei einem Opel-
Vertragsunternehmen. Mein Aufgabenbereich umfasst einerseits
die üblichen Wartungs-, Instandsetzungs- und Reparaturarbeiten
an PKWs. Andererseits bin ich zuständig für den Einbau von
elektronischen Systemen und Zubehör. Die dafür erforderlichen
Kenntnisse habe ich mir durch verschiedene Lehrgänge angeeignet. Ich arbeite zuverlässig und gut, so dass ich viele zufriedene
Kunden habe, die meine Dienste immer wieder in Anspruch
nehmen.

Da ich selbst einen BMW fahre und ich meine Fähigkeiten
in Ihrer modernen Werkstatt sehr gut einsetzen kann, hat Ihr
Stellenangebot mein besonderes Interesse gefunden.

Über die Einladung zu einem persönlichen Gespräch würde ich
mich sehr freuen.

Mit freundlichen Grüßen
(Unterschrift)

Anlagen

Karin Feldkamp   18. Januar 20xx
Haselweg 4
60235 Frankfurt
Telefon: (069) 342819

Städtische Kliniken GmbH
Verwaltung
Gutenbergallee 20

60263 Frankfurt

Bewerbung als Krankenschwester

Sehr geehrte Damen und Herren,

aus der Zeitung habe ich erfahren, dass Sie wegen der Erweiterung Ihres Hauses zusätzliches Pflegepersonal einstellen.
Deshalb bewerbe ich mich bei Ihnen als examinierte Krankenschwester mit langjähriger Berufserfahrung.

Nach meiner Familienphase bin ich seit vier Jahren halbtags
im Johannes-Krankenhaus als Krankenschwester auf den
Stationen Innere Medizin, Orthopädie und Chirurgie tätig.
Mein Aufgabenbereich umfasst die Grund- und Behandlungspflege, Medikamentenabgabe, Infusionen, die OP-Vor- und
Nachbereitung, das Erstellen von Pflegeplanungen und Führen
von Dokumentationsmappen sowie die Hilfe bei den Mahl-
zeiten. Durch meine freundliche, verständnisvolle und ausge-
glichene Art finde ich schnell Zugang zu den Patienten und
werde von ihnen sehr geschätzt. Zudem bin ich flexibel und
belastbar und erledige meine Arbeit zuverlässig und gewissenhaft.

Ich möchte jetzt wieder in Vollzeit arbeiten und würde mich
über die Einladung zu einem persönlichen Gespräch sehr
freuen.

Mit freundlichen Grüßen
(Unterschrift)

Anlagen

Maria Bamberg   2. Oktober 20xx
Königsberger Str. 25
45765 Marl
Telefon: 02365 – 12345

Elisabeth-Krankenhaus
Frau Matuzek
Röntgenstraße 10

45661 Recklinghausen

Bewerbung als Küchenhilfe

Sehr geehrte Frau Matuzek,

auf die von Ihnen ausgeschriebene Stelle als Küchenhilfe
bewerbe ich mich, weil ich in dieser Tätigkeit bereits mehrjährige
Erfahrung habe.

Ich bin 28 Jahre alt und habe bei verschiedenen Arbeitgebern als
Küchenhilfe und Putzhilfe gearbeitet. Zu meinen wesentlichen
Aufgaben gehörten alle Tätigkeiten einer Küchenhilfskraft wie
Kochen und Zubereiten des Essens, Backen von Kuchen und
die Reinigungsarbeiten. Außerdem bin ich bei meiner derzeitigen
Arbeitsstelle gelegentlich am Schalter für die Essensausgabe
beschäftigt. Ich bin fleißig und ordentlich und erledige meine
Aufgaben zuverlässig.

Da mein letztes Arbeitsverhältnis bis Ende September befristet
war, könnte ich sofort bei Ihnen anfangen.

Ich würde mich freuen, wenn Sie mich zu einem Vorstellungstermin einladen.

Mit freundlichen Grüßen
(Unterschrift)

Anlage:
Lebenslauf

Roland Czaja   17. Juni 20xx

Silberhecke 17
44377 Dortmund
0173 / 6328831

Randstad Deutschland GmbH & Co. KG
Frau Schöller
Westenhellweg 28

44145 Dortmund

Ihre Anzeige in den Ruhr-Nachrichten
Bewerbung als Lager- und Transportarbeiter

Sehr geehrte Frau Schöller,

auf Ihre Anzeige bewerbe ich mich, weil ich sowohl über die nötige Berufserfahrung als auch über einen Gabelstaplerschein verfüge.

Ich bin 32 Jahre alt und habe nach meiner Ausbildung als Tischler kontinuierlich als Lagerarbeiter und Staplerfahrer gearbeitet. Von daher bin ich mit allen anfallenden Tätigkeiten und den unterschiedlichen Arbeitsfeldern im Lager vertraut.

Zu meinen bisherigen Aufgaben zählten unter anderem die Lieferschein-bearbeitung, das Kommissionieren von Waren, das Be- und Entladen von Lieferwagen, Verpackungsarbeiten sowie die Bestandsführung per EDV. Außerdem besitze ich Erfahrungen im umsichtigen Umgang mit dem Gabelstapler. Die Arbeit im Lager liegt mir sehr. Ich bin körperlich belast-bar, arbeite stets zuverlässig und bin sowohl die Arbeit im Team als auch selbstständiges Arbeiten gewohnt. Schichtbetrieb stellt keinerlei Problem für mich dar.

Ich kann sofort bei Ihnen anfangen. Über eine Einladung zu einem Vorstellungsgespräch freue ich mich.

Mit freundlichen Grüßen
(Unterschrift)

Anlagen

83

Fatma Girgin

Hegelstr. 18 • 80234 München • Telefon (089) 234567
E-Mail: fatma.girgin@web.de

Meibach GmbH
Herrn Schumacher
Goethering 2

80345 München

11.05.20xx

Bewerbung als Marketingassistentin
Unser Telefonat vom 11.05.20xx

Sehr geehrter Herr Schumacher,

herzlichen Dank für das freundliche Telefonat und Ihre Informationen. Die von Ihnen angebotene Stelle als Marketingassistentin entspricht meinen Vorstellungen und meiner Qualifikation, so dass ich gerne bei Ihnen arbeiten würde.

Ich bin ausgebildete Industriekauffrau und habe langjährige Erfahrung in der Exportsachbearbeitung bei einem Automobilzulieferer. Durch Konkurs meines Arbeitgebers habe ich meine Tätigkeit verloren.

Um die Zeit der Stellensuche sinnvoll zu nutzen und meine EDV-Kenntnisse in den Office-Anwendungen zu erweitern, besuche ich seit Anfang des Jahres den fünfmonatigen Lehrgang »Fit for Office«. Diese Weiterbildung werde ich in drei Wochen beenden.

In das von Ihnen vorgestellte Aufgabengebiet kann ich mich schnellstens einarbeiten. Ich spreche fließend Englisch und besitze gute PC-Anwendungskenntnisse. Zu meinen persönlichen Stärken zähle ich Organisationstalent, Geschick im Umgang mit Kunden, Flexibilität und eine hohe Leistungsbereitschaft. Diese Eigenschaften habe ich bei meiner früheren Tätigkeit stets unter Beweis gestellt.

Gern würde ich zum Erfolg Ihres Unternehmens beitragen und freue mich darauf, von Ihnen zu hören.

Mit freundlichen Grüßen
(Unterschrift)

Anlagen

Rolf Brehm
Nordstr. 3 • 44891 Gelsenkirchen • Tel. 0209–866221

Sasse Maschinenbau GmbH & Co. KG
Herrn Schreiner
Auf der Koppel 9

58540 Meinerzhagen

26. Juli 20xx

**Ihr Stellenangebot bei der Agentur für Arbeit
Bewerbung als Maschinenschlosser**

Sehr geehrter Herr Schreiner,

von meinem Arbeitsvermittler habe ich erfahren, dass Sie
einen qualifizierten Schichtführer für Ihr Unternehmen
suchen. Da ich über eine langjährige Berufserfahrung verfüge
und davon überzeugt bin, Ihren Anforderungen gerecht
werden zu können, bewerbe ich mich bei Ihnen.

Ich bin seit 20 Jahren als Maschinenschlosser und Industrie-
mechaniker bei verschiedenen Firmen tätig. Mein Aufgabenbereich umfasste die Instandhaltung, die Inbetriebnahme,
die Montage und die Reparatur von Maschinen und Anlagen.
Viele Jahre war ich auch auf Montage für Firmen im In- und
Ausland unterwegs. Mein handwerkliches Geschick und
technisches Verständnis kamen mir bei meiner Arbeit immer
zugute.

Neben der Arbeit im Team arbeite ich auch gerne selbstständig und übernehme Verantwortung. Körperliche Belastbarkeit,
ein freundlicher Umgang mit Kollegen, Flexibilität und
Einsatzfreude zählen zu meinen Stärken.

Wegen Auftragsmangel wurde ich Ende vergangenen
Monats entlassen. Eine Stelle in Ihrem Unternehmen könnte
ich deshalb sofort annehmen. Gern würde ich Sie in einem
persönlichen Gespräch von meiner Eignung überzeugen.

Mit freundlichen Grüßen
(Unterschrift)

Anlagen

85

Torsten Kemmler   23. März 20xx
Kreuzstraße 75
44375 Dortmund
01 75 – 46 11 335

Schmitt-Bau GmbH
Marktstr. 16

59423 Unna

Ihre Anzeige bei arbeitsagentur.de vom 22. März 20xx
Bewerbung als Maurer

Sehr geehrte Damen und Herren,

Sie suchen einen motivierten Maurer, der über langjährige
Berufserfahrung verfügt. Da ich Ihre Anforderungen erfüllen
kann, sende ich Ihnen meine Bewerbung.

Ich bin 29 Jahre alt und habe 19xx meine Ausbildung zum Maurer
bei der Firma Holtkamp GmbH in Dortmund erfolgreich abgeschlossen. Seitdem habe ich in dieser Firma als Baufacharbeiter,
Spezialbaufacharbeiter und zuletzt als Vorarbeiter gearbeitet.

Meine Kenntnisse umfassen alle Arbeiten, die auf dem Bau anfal-
len, egal ob es sich um Wohnhäuser oder Industriebauten handelt.
Meine körperliche Fitness, mein handwerkliches Geschick und
meine Flexibilität habe ich dabei stets unter Beweis gestellt. Gute
Teamarbeit und ein freundlicher Umgang mit Kollegen sind für
mich sehr wichtig.

Da die Auftragslage bei meinem Arbeitgeber in letzter Zeit stark
nachgelassen hat und dadurch massiv Kurzarbeit aufgetreten
ist, möchte ich mich beruflich verändern. Gern würde ich für Ihre
Firma als Maurer tätig werden.

Über eine Einladung zu einem persönlichen Gespräch würde ich
mich sehr freuen.

Mit freundlichen Grüßen
(Unterschrift)

Anlagen

Heiko Wiesner

Adlerstr. 6 ◆ 44155 Dortmund ◆ Tel. (0178) 4412345
heiko.wiesner@gmx.de

Alpha-Computer GmbH
Herrn Korte
Ritterstr. 12

44145 Dortmund

16. November 20xx

Ihr Stellenangebot vom 15.11.20xx bei arbeitsagentur.de

Sehr geehrter Herr Korte,

die in Ihrer Anzeige beschriebene Stelle entspricht genau meinen Vorstellungen und meiner Qualifikation. Deshalb bewerbe ich mich bei Ihnen.

Kurz zu meiner Person:
Ich habe bei der Promarkt-Elektronik GmbH meine Ausbildung als Kaufmann im Einzelhandel absolviert und bin dort seit vier Jahren als Fachverkäufer tätig. Zu meinen Aufgaben gehören die Kundenberatung und der Verkauf, die Sortimentspflege und Präsentation der Waren, die Abwicklung von Bestellungen und Warenlieferungen, die Systemadministration und die Teilnahme an Inventuren.

Durch meine Tätigkeit kenne ich mich besonders gut mit PCs und der angeschlossenen Peripherie aus und kann Kunden in diesem Bereich umfassend beraten. Auch in meiner Freizeit beschäftige ich mich viel mit dem PC, so dass ich alle EDV-Probleme von der Montage der PC-Komponenten über die Fehlerdiagnose bis zur Installation der Software lösen kann. Da unsere Geschäftsfiliale zum Jahresende geschlossen wird, suche ich eine neue Stelle im PC-Verkauf.

Bei einem Vorstellungstermin würde ich gerne weitere Einzelheiten mit Ihnen besprechen.

Mit freundlichen Grüßen
(Unterschrift)

Anlagen

Kerstin Jansen   17. Juli 20xx
Karl-August-Straße 2
50675 Köln
☎ 0221/ 632169

Reinert Chemie GmbH
Personalabteilung
Weimarer Str. 11

45790 Köln

Bewerbung als Produktionshelferin

Sehr geehrte Damen und Herren,

durch eine Freundin, die bei Ihnen beschäftigt ist, habe ich erfahren, dass Sie neue Mitarbeiter in der Produktion einstellen. Da ich über mehrjährige Berufserfahrung in der Produktion verfüge, bewerbe ich mich bei Ihnen.

Kurz zu meiner Person:
Ich bin 36 Jahre alt und war bisher bei unterschiedlichen Firmen als Packerin, Montiererin und Produktionshelferin tätig. Dabei habe ich stets gezeigt, dass ich schnell, zuverlässig und sorgfältig arbeite. Durch meine gute Auffassungsgabe kann ich mich schnell in neue Aufgabengebiete einarbeiten und bin flexibel einsetzbar. Wechselschicht und Akkordarbeit stellen für mich kein Problem dar.

Zurzeit bin ich als Produktionshelferin bei einem Hersteller für Telekommunikationsanlagen beschäftigt. Mein Aufgabenbereich umfasst das Bestücken, Löten, Prüfen und Verpacken von elektronischen Bauteilen. Da mein Arbeitsvertrag bis Ende Juli befristet ist, suche ich für danach eine neue Tätigkeit.

Habe ich Ihr Interesse geweckt? Dann freue ich mich auf die Einladung zu einem Vorstellungsgespräch.

Mit freundlichen Grüßen
(Unterschrift)

Anlagen

Astrid Schulte   Eichenstraße 15
                                   65126 Wiesbaden
                                   Telefon: 0611 – 45678

Dr. Nolte und Partner
Rechtsanwälte und Notare
Südwall 2

65185 Wiesbaden

                                        18.09.20xx

Bewerbung als Rechtsanwaltsfachangestellte

Sehr geehrter Herr Dr. Nolte,

im nächsten Monat werde ich meine Ausbildung zur
Rechtsanwaltsfachangestellten in der Kanzlei Berger & Partner
beenden. Da ich aus persönlichen Gründen die Stelle wechseln
möchte, bewerbe ich mich bei Ihnen um einen neuen Arbeitsplatz.

Während meiner Ausbildung habe ich alle anfallenden Büroarbeiten kennen gelernt und durchgeführt, wie Empfang der
Mandanten und Terminvergabe, Aktenführung, Schriftverkehr
nach Diktat, Anfertigen von Verträgen und Urkunden, Erstellen von Kosten- und Gebührenabrechnungen sowie Überwachung und Verbuchung der Zahlungseingänge. Mit dem PC
und mit modernen Kommunikationsmitteln bin ich aufgrund
meiner Tätigkeit bestens vertraut. Im Umgang mit den Mandanten bin ich freundlich und zuvorkommend und behalte
auch bei Stress einen klaren Kopf.

Hat meine Bewerbung Sie neugierig gemacht? Dann freue
ich mich auf Ihre Einladung zu einem Vorstellungsgespräch.

Mit freundlichen Grüßen
(Unterschrift)

Anlagen:
Lebenslauf
Lichtbild
Zeugniskopien

Jürgen Braunert ◆ Frankenstraße 17 ◆ 45281 Essen
Tel. 0175–4691112

Telematic GmbH
– Personalstelle –
Albert-Magnus-Str. 10

47029 Duisburg

26. April 20xx

Ihre Anzeige im Internetportal der Agentur für Arbeit
Bewerbung als Servicetechniker

Sehr geehrte Damen und Herren,

in dem von Ihnen dargestellten Aufgabenbereich bin ich seit
mehreren Jahren tätig. Deshalb kann ich Ihre Anforderungen
erfüllen und möchte mich Ihnen vorstellen.

Ich bin 31 Jahre alt und ausgebildeter Kommunikationselektroni-
ker der Fachrichtung Telekommunikationstechnik. Durch meine
Tätigkeit für die Deutsche Telekom und Versatel verfüge ich über
mehrjährige Erfahrung im Telekommunikationsanlagenbau sowie
in der Inbetriebnahme, Programmierung und Entstörung von
TK-Anlagen.

In meiner derzeitigen Tätigkeit bin ich für die umfangreiche
Installation und Entstörung von ISDN, DSL, PMX-Anschlüssen
sowie Datenleitungen verantwortlich. Zuverlässiges und präzises
Arbeiten sind mir ebenso wichtig wie eine gute und erfolgreiche
Zusammenarbeit in einem Team. Darüber hinaus kann ich mich
schnell in einen neuen Aufgabenbereich einarbeiten und meine
Arbeit auch unter Termindruck effizient erledigen.

Ich suche zum Jahresende eine neue berufliche Herausforderung
und würde mich freuen, meine Kenntnisse und Fähigkeiten in
Ihrem Unternehmen einsetzen zu können.

Gerne stehe ich Ihnen für ein persönliches Gespräch zur
Verfügung.

Mit freundlichen Grüßen
(Unterschrift)

Anlagen

Jennifer Grothe	Freiheitsstr. 11
	44581 Castrop-Rauxel
	Mobil: 0179–9029071

3. Dezember 20xx

persona-service
Frau Wilms
Herner Straße 24

45657 Recklinghausen

Bewerbung als Speditionskauffrau

Sehr geehrte Frau Wilms,

von meinem Arbeitsvermittler habe ich erfahren, dass Sie eine engagierte und zuverlässige Speditionskauffrau suchen. Da ich diese Anforderungen erfüllen kann, sende ich Ihnen meine Bewerbungsmappe.

Ich bin 23 Jahre alt, ausgebildete Speditionskauffrau und zurzeit als Disponentin in einem befristeten Arbeitsverhältnis bei einem Direkt-Kurier-Unternehmen beschäftigt. Da diese Tätigkeit demnächst endet, hat Ihr Angebot mein besonderes Interesse gefunden.

Ich bin flexibel einsetzbar und war bereits in allen Bereichen einer Spedition tätig: Disposition, Logistik, Verkauf, Service, Kundenbetreuung und -beratung, Marketing, Paket- und Kurierdienste, Nachtexpress, Import und Export, Versicherung, Buchhaltung und Außendienst. Am PC besitze ich fundierte Kenntnisse in den Office-Anwendungen Word, Excel und Outlook. Meine Arbeit erledige ich zügig, zuverlässig und sorgfältig. Zudem bin ich teamfähig, diskret und allem Neuen gegenüber aufgeschlossen.

Für weitere Informationen stehe ich Ihnen gerne in einem persönlichen Gespräch zur Verfügung.

Mit freundlichen Grüßen
(Unterschrift)

Anlagen

91

Murat Arslan   8. Februar 20xx

Römerstr. 26
44581 Castrop-Rauxel
Telefon: 02305 – 684554

Straßen- und Tiefbau Kemper GmbH
Frau Henschel
Friedrichstr. 46

44777 Bochum

Bewerbung als Straßenbauer

Sehr geehrte Frau Henschel,

suchen Sie einen fleißigen und zuverlässigen Straßenbauer?
Wenn ja, möchte ich mich Ihnen kurz vorstellen.

Ich bin ausgebildeter Straßenbauer und habe nach Abschluss der
Ausbildung 15 Jahre als Straßenbauer und später als Vorarbeiter
bei mehreren Firmen gearbeitet. Zu meinen Aufgaben gehörte
das Herstellen von Aushub, Aus- und Absteifungen und Verfül-
lungen, der Einbau von Kanalisationsrohren, das Verlegen von
Formsteinen, Platten und Pflaster, die Herstellung von Frost-
schutz- und Schotterschichten. Ich bin mit allen gebräuchlichen
Baustoffen und den Geräten und Maschinen im Straßenbau
vertraut. Als Vorarbeiter führte ich eine eigene Kolonne und war
für die Materialdisposition sowie die Baustelleneinrichtung
zuständig.

Zuletzt war ich als Vorarbeiter beim Bauunternehmen Kremer
GmbH beschäftigt, musste meine Stelle aber aufgrund der Schlie-
ßung der Niederlassung aufgeben. Ich bin belastbar, flexibel einsetzbar und arbeite zuverlässig und selbstständig.

Ich könnte sofort bei Ihnen anfangen. Über die Einladung zu
einem Vorstellungstermin würde ich mich sehr freuen.

Mit freundlichen Grüßen
(Unterschrift)

Anlagen

Ralf Bergmann   28. Oktober 20xx

Lindenstr. 25
45665 Recklinghausen
Tel. 02361–12345

WELCO Electronic GmbH + Co.KG
Herrn Gerster
Rembrandtstr. 23–27

D–46421 Wesel

Ihre Stellenausschreibung im SIS vom 24.10.20xx
Bewerbung als Verfahrensingenieur

Sehr geehrter Herr Gerster,

die in Ihrer Stellenausschreibung dargestellte Tätigkeit als
Verfahrensingenieur entspricht genau meinen Vorstellungen
und meiner Qualifikation. Deshalb bewerbe ich mich in
Ihrem Unternehmen.

Ich habe eine Ausbildung als Energieelektroniker Anlagen-
technik abgeschlossen und anschließend ein Studium der
Verfahrenstechnik erfolgreich absolviert. Seit vier Jahren bin
ich als Service-Ingenieur eines Zulieferers für Halbleiterfirmen
tätig. Im Rahmen dieser Tätigkeit umfasst mein Aufgabenbereich im Außendienst den kompletten Bereich der Wartungs-,
Reparatur- und Servicearbeiten des Anlagenparks. Dazu
gehören die System-Start-Ups, die Instandhaltung und die
Durchführung diverser Umbauten. Neben meiner fachlichen
Qualifikation runden die von Ihnen gewünschten Eigenschaften Kontaktfähigkeit, Flexibilität, Einsatzbereitschaft
und Teamfähigkeit das Profil meiner Person ab.

Aufgrund betrieblicher Umstrukturierungen muss ich meine
Tätigkeit zum Jahresende aufgeben. Ich denke, dass ich meine
Erfahrungen in dem von Ihnen angebotenen Tätigkeitsbereich
hervorragend einsetzen kann.

Weitere Einzelheiten bespreche ich gerne bei einer persönlichen Vorstellung mit Ihnen.

Mit freundlichen Grüßen
(Unterschrift)

Anlagen

Gisbert Freund
Marktstr. 15 ◆ 51234 Köln ◆ Telefon (0221)123456
E-Mail: gisbert.freund@gmx.de

SGA Elektronik GmbH
Herrn Kamps
Am Südtor 20

612345 Frankfurt

12. Mai 20xx

Ihre Anzeige vom 04.05.20xx in der FAZ
Bewerbung als Verkaufsleiter

Sehr geehrter Herr Kamps,

vielen Dank für das freundliche Telefonat und Ihre Informationen.
Die von Ihnen ausgeschriebene Stelle des Verkaufsleiters entspricht genau meinen Vorstellungen, wobei ich Ihre Anforderungen aufgrund meiner Erfahrung erfüllen kann.

Ich bin 38 Jahre alt, Betriebswirt und seit vier Jahren Verkaufsleiter
eines Unternehmens der Beleuchtungstechnik. Zu meinen Aufgaben gehören die Planung und Umsetzung von Verkaufsstrategien,
das Führen eines qualifizierten Verkaufsteams, die Erschließung
neuer Marktsegmente, die Betreuung wichtiger Kunden, die Kundenberatung und Verhandlungsführung. Ich habe gute Kenntnisse
des Vertragsrechts und kenne mich auch mit Exportbestimmungen
aus. Außerdem spreche ich fließend Englisch.

Da ich meine Fähigkeiten gern in einem größeren Unternehmen
einsetzen möchte, interessiert mich Ihr Angebot ganz besonders.

Bei fristgerechter Kündigung könnte ich zum 1. September bei
Ihnen anfangen. Meine Gehaltsvorstellungen liegen bei … Euro.

Habe ich Ihr Interesse geweckt? Dann würde ich weitere Einzelheiten gerne mit Ihnen persönlich besprechen.

Mit freundlichen Grüßen
(Unterschrift)

Anlagen

94

Kirsten Gerling-Schmidt ◆ Wiener Str. 65 ◆ 80321 München
Tel.: 0175-1234567 ◆ E-Mail: kirsten.gerling@freenet.de

Saturn-Vertriebs GmbH
Frau Svenja Herrlich
Gutenbergstr. 15

81233 München

15. Juli 20xx

Ihre Anzeige in der Süddeutschen Zeitung vom 12.07.20xx
Bewerbung als Vertriebsassistentin

Sehr geehrte Frau Herrlich,

die in Ihrer Anzeige beschriebene Aufgabe als Vertriebsassistentin
entspricht genau meinen Fähigkeiten und Interessen.

Folgende fachliche Qualifikation bringe ich dafür mit:

➢ Ausbildung als Industriekauffrau
➢ Mehrere Jahre Erfahrung in der Auftragsabwicklung und im
   Vertriebsinnendienst
➢ Gute Englischkenntnisse in Wort und Schrift
➢ Sicherer Umgang mit dem PC, besonders mit den MS-Office-
   Anwendungen

In meiner derzeitigen Position als Sachbearbeiterin im Vertriebsinnendienst umfasst mein Aufgabenbereich die Auftragsbearbeitung,
Korrespondenz, Fakturierung, Angebotserstellung, Kundenbetreuung,
das Erstellen von Präsentationen sowie die Unterstützung der
Vertriebsleitung und des Außendienstes.

Meine persönlichen Stärken Eigeninitiative, Organisationstalent,
kundenorientiertes Handeln, Belastbarkeit und Teamfähigkeit runden
mein Profil ab.

Die Mitarbeit könnte ich zum 1. Oktober aufnehmen. Auf Ihre Einladung
zu einem persönlichen Gespräch freue ich mich sehr.

Mit freundlichen Grüßen
(Unterschrift)

Anlagen

HOLGER FRANKE

Am Markt 22
44709 Bochum
☎ 0234–123456
holger.franke@web.de

TelePlus GmbH
Herrn Jens Austermann
Breite Str. 30

40235 Düsseldorf

15.04.20xx

Bewerbung als Vertriebsingenieur
Telefonat vom 15.04.20xx

Sehr geehrter Herr Austermann,

vielen Dank für das freundliche Telefonat. Wie vereinbart sende ich Ihnen meine Bewerbungsunterlagen für die angesprochene Tätigkeit im Vertrieb.

Ich bin 26 Jahre alt und habe gerade mein Studium der Elektrotechnik an der FH Bochum erfolgreich mit dem Diplom abgeschlossen. Während eines viermonatigen Praktikums bei einem Mobilfunkunternehmen habe ich erste Erfahrungen im Vertrieb gesammelt. Wie Sie aus meinem Praktikumszeugnis ersehen können, habe ich durch meine Kontakt- und Kommunikationsfähigkeit und fundierte Beratung zahlreiche neue Kunden gewonnen.

Da mir die Arbeit im Vertrieb großen Spaß macht und ich hier meine Fähigkeiten richtig einsetzen kann, sehe ich in diesem Bereich meine berufliche Perspektive. Ich bin hochmotiviert, kann gut zuhören und auf Kunden eingehen sowie überzeugend argumentieren. Außerdem spreche ich fließend Englisch.

Weitere Einzelheiten zu meinem Werdegang finden Sie in den beiliegenden Unterlagen. Über ein Vorstellungsgespräch würde ich mich sehr freuen.

Mit freundlichen Grüßen
(Unterschrift)

Anlagen

KATHARINA MIEBACH
Am Waldesrand 25
61352 Bad Homburg
Tel.: 06172 – 123456

Deutsche Citibank AG
Herrn Dr. Gerdes
Taunusstr. 10

60423 Frankfurt

08. Oktober 20xx

Ihre Anzeige vom 04.10.20xx in der FAZ

Sehr geehrter Herr Dr. Gerdes,

auf die von Ihnen ausgeschriebene Stelle als Vorstandssekretä-
rin bewerbe ich mich gern, weil ich aufgrund meiner Berufserfahrung Ihre Voraussetzungen erfüllen kann.

Ich bin 31 Jahre alt und seit fünf Jahren bei einer renommier-
ten Unternehmensberatung tätig. Zu meinen wesentlichen
Aufgaben gehören die selbstständige Erledigung der Geschäftskorrespondenz, Terminmanagement, Büroorganisation, Erstellen von Präsentationsunterlagen und die Pflege von Kunden-
kontakten.

Am PC beherrsche ich den sicheren Umgang mit den Office-
Anwendungen Word, Excel und Outlook sowie Internet und
E-Mail. Gewandtheit im schriftlichen Ausdruck und Sicherheit in der Rechtschreibung und Zeichensetzung vervoll-
ständigen meine Kenntnisse. Zudem arbeite ich flott, kann
gut organisieren und bin belastbar. Eine gepflegte Erscheinung,
ein gewandtes Auftreten und fließende Englischkenntnisse
runden mein Profil ab.

Aus persönlichen Gründen möchte ich mich verändern.
Dabei entspricht die von Ihnen angebotene Stelle genau
meinen Vorstellungen.

Weitere Einzelheiten bespreche ich gerne bei einem persönlichen Vorstellungstermin mit Ihnen. Darauf freue ich mich.

Mit freundlichen Grüßen
(Unterschrift)

Anlagen

Sandra Kersting 12. September 20xx

Am Schultenhof 19
45863 Gelsenkirchen
0209 / 52 04 44

Zahnarztpraxis
Frau Dr. Gisela Paulus
Cranger Str. 8

45895 Gelsenkirchen

Bewerbung als Zahnarzthelferin

Sehr geehrte Frau Dr. Paulus,

von einer Freundin habe ich erfahren, dass Sie für vormittags eine
erfahrene Zahnarzthelferin suchen. Da diese Stelle genau meinen
Fähigkeiten und Vorstellungen entspricht, möchte ich mich kurz
vorstellen.

In bin 26 Jahre alt, gelernte Zahnarzthelferin und habe bis zur Geburt meiner Tochter in diesem Beruf gearbeitet. Meine wesentlichen Aufgaben waren:

➢ Erledigung der anfallenden Verwaltungsarbeiten
➢ Stuhlassistenz
➢ Anfertigung von Gipsabdrücken und Provisorien
➢ Zahnsteinentfernung
➢ Prophylaxe
➢ Röntgen

Mein Beruf macht mir große Freude und ich erledige meine
Aufgaben zügig, gewissenhaft und zuverlässig. Da die Betreuung
meiner Tochter am Vormittag gewährleistet ist, möchte ich in
dieser Zeit wieder in meinem Beruf arbeiten.

Wenn Sie Interesse an einer zuverlässigen und motivierten Mitarbeiterin haben, würde ich mich über eine Einladung zu einem persönlichen Gespräch sehr freuen.

Mit freundlichen Grüßen
(Unterschrift)

Anlagen

Viktor Blum   10.03.20xx
Sachsenstr. 2
44123 Dortmund
Tel.: 0231 / 123456

Baumert Großhandel GmbH
Frau Meier
Hauptstr. 12

44875 Bochum

Bewerbung um ein Praktikum im Groß- und Außenhandel

Sehr geehrte Frau Meier,

seit Oktober 20xx nehme ich an einer zweijährigen Umschulung zum Groß- und Außenhandelskaufmann bei der NOVA-Bildungsakademie in Dortmund teil.

Im Rahmen dieses Lehrgangs findet vom 10.06.20xx bis 31.12.20xx ein Praktikum statt, das ich gerne in Ihrem Unternehmen absolvieren würde.

Ich komme aus Russland, habe ein Studium der Ökonomie abgeschlossen und anschließend in diesem Beruf gearbeitet. Mit meinem Studium habe ich in Deutschland leider keine beruflichen Chancen. Für die Ausbildung zum Groß- und Außenhandelskaufmann habe ich mich entschieden, weil diese Tätigkeit meinen Interessen entspricht und ich mir davon eine neue Perspektive verspreche.

Während der theoretischen Ausbildung habe ich mir bereits gute Kenntnisse in der Betriebs- und Handelswirtschaftslehre und im Rechnungswesen angeeignet. Am PC kann ich gut mit der Textverarbeitung Word und Tabellenkalkulation Excel umgehen. Im Praktikum möchte ich meine Kenntnisse anwenden und erweitern und dabei möglichst in mehreren Bereichen eingesetzt werden.

Ich würde mich freuen, wenn Sie mich zu einem persönlichen Gespräch einladen würden.

Mit freundlichen Grüßen
(Unterschrift)

Anlagen

Muster für die Bewerbung um einen Ausbildungsplatz

Patrick Kontor	12. Mai 20xx

Alter Kirchplatz 12
48161 Münster
0162 / 3256000

Bedachungen Wolters
Herrn Wolters
Lange Hecke 16

48165 Münster

Bewerbung um einen Ausbildungsplatz als Dachdecker

Sehr geehrter Herr Wolters,

von meinem Arbeitsberater habe ich erfahren, dass Sie einen Ausbildungsplatz für den Beruf des Dachdeckers anbieten. Da diese Ausbildung genau meinen Interessen und Fähigkeiten entspricht, sende ich Ihnen meine Bewerbung.

Nach Beendigung der Gesamtschule mit dem Hauptschulabschluss habe ich als Helfer in einem Baumarkt und danach als Helfer in einem Dachdeckerbetrieb gearbeitet. Arbeiten wie Eindecken und Einlatten beherrsche ich sicher. Weiterhin führe ich Schieferarbeiten selbstständig und sorgfältig aus.

Da ich der Meinung bin, dass mir nur eine abgeschlossene Berufsausbildung eine gute berufliche Perspektive bietet, möchte ich diese jetzt unbedingt nachholen. Neben umfangreichen handwerklichen Kenntnissen und körperlicher Belastbarkeit bringe ich eine gute Auffassungsgabe für die Ausbildung in Ihrem Betrieb mit.

Haben Sie Interesse an einem einsatzfreudigen, zuverlässigen und lernfähigen Auszubildenden? Dann freue ich mich über eine Einladung zu einem persönlichen Gespräch.

Mit freundlichen Grüßen
(Unterschrift)

Anlagen:
Lebenslauf mit Foto
Zeugniskopien

Sebastian Kröger
Schillerstr. 12
04135 Leipzig
Tel.: 0170 – 6654321

Alsco-Tech GmbH
Personalabteilung
Berliner Str. 2

04155 Leipzig

Dortmund, 24.03.20xx

Bewerbung für die Ausbildung zum Industriekaufmann

Sehr geehrte Damen und Herren,

Sie suchen zum 1. August einen aufgeweckten und engagier-
ten Auszubildenden, der den Beruf des Industriekaufmanns
erlernen möchte.

Ich bin 16 Jahre alt und werde die Realschule in diesem Sommer beenden. Aufgrund meiner guten schulischen Leistungen
besonders in den Fächern Mathematik und Englisch bin ich
der Meinung, Ihre Anforderungen erfüllen zu können.

Durch die Berufsberatung habe ich mich umfassend über
meinen gewählten Beruf informiert. Durch Eignungstests am
PC habe ich festgestellt, dass der Beruf des Industriekauf-
manns meinen Fähigkeiten und Neigungen entspricht. Außer-
dem hat mich ein vierwöchiges Praktikum bei einer Büro-
möbelfirma in meiner Berufswahl bestärkt. Da die Arbeit am
Computer zu meinen Hobbys gehört, habe ich bereits gute
EDV-Kenntnisse, beispielsweise in den Office-Anwendungen
Word, Excel und PowerPoint sowie im Umgang mit dem
Internet und E-Mail.

In einem persönlichen Gespräch möchte ich Sie gerne von
meiner Eignung überzeugen. Darauf freue ich mich.

Mit freundlichen Grüßen
(Unterschrift)

Anlagen:
Lebenslauf mit Foto
Zeugniskopien

Hendrik Jankowski 27. Mai 20xx

Auf dem Hügel 6
44577 Castrop-Rauxel
02305 – 443870

Autohaus Thiemann GmbH
Habinghorster Str. 121

44579 Castrop-Rauxel

**Bewerbung um einen Ausbildungsplatz zum
Kraftfahrzeugmechatroniker**

Sehr geehrte Damen und Herren,

von meinem Berufsberater habe ich erfahren, dass Sie einen
Ausbildungsplatz für den Beruf des Kraftfahrzeugmechatronikers
anbieten. Deshalb möchte ich mich Ihnen vorstellen.

Ich bin 16 Jahre alt und werde im Sommer die Hauptschule
beenden. Mein Interesse für Autos besteht schon lange. Während
eines Schulpraktikums beim Autohaus Schlüter in Castrop-Rauxel
habe ich Einblicke in das Aufgabengebiet eines Kfz-Mechanikers
erhalten. Neben Reinigungs- und Lagerarbeiten habe ich den
Mechanikern häufig über die Schulter geschaut und ihnen auch
zugearbeitet.

Zusätzlich habe ich mich im Berufsinformationszentrum über
das Tätigkeitsfeld eines Kfz-Mechatronikers informiert, so dass ich
weiß, was im späteren Berufsalltag auf mich zukommt. Daher bin
ich mir sicher, dass dieser Beruf zu mir passt und meinen Neigungen entspricht. Mein größter Wunsch ist es, in nächster Zeit meinen
Führerschein zu machen und ein günstiges Auto zu erwerben.

Mein handwerkliches Geschick und technisches Verständnis konnte ich bereits bei Renovierungen und Reparaturen im privaten
Bereich unter Beweis stellen. Ich bin körperlich belastbar, einsatzbereit und zeitlich flexibel.

Gern würde ich Sie in einem persönlichen Gespräch von meiner
Eignung überzeugen.

Mit freundlichen Grüßen
(Unterschrift)

Anlagen:
Lebenslauf mit Foto
2 Zeugniskopien

Melanie Jung
Am Remberg 12 ◆ 40125 Düsseldorf
Telefon: 0211 – 25 60 12

Johannes Krankenhaus
Verwaltung
Lange Str. 16

40245 Düsseldorf

21. Juli 20xx

Bewerbung um einen Ausbildungsplatz als Krankenpflegerin

Sehr geehrte Damen und Herren,

ich bin 16 Jahre alt und werde im Juni dieses Jahres die Lessing-Real-schule erfolgreich beenden. Anschließend möchte ich gerne den Beruf der Krankenpflegerin in Ihrem Hause erlernen.

Meine Leistungsfächer in der Schule sind Biologie und Chemie. In meiner Freizeit bin ich in unserer Kirchengemeinde in der Jugendarbeit engagiert. Im Rahmen dieser Tätigkeit haben wir ein Projekt zur Betreuung kranker und pflegebedürftiger Menschen organisiert.

Voriges Jahr musste ich wegen eines Verkehrsunfalls zwei Monate in einem Krankenhaus verbringen. Während dieser Zeit habe ich den Arbeits-alltag des Pflegepersonals kennen gelernt. Dabei habe ich festgestellt, dass diese Arbeit mir großen Spaß machen würde, und mich entschieden, Krankenpflegerin zu werden. Einen Erste-Hilfe-Kurs habe ich bereits absolviert.

Ich bin zuverlässig, kontaktfreudig und aufgeschlossen und mein freund-liches und verständnisvolles Verhalten im Umgang mit kranken Menschen wird von diesen sehr geschätzt.

Über die Einladung zu einem persönlichen Gespräch freue ich mich sehr.

Mit freundlichen Grüßen
(Unterschrift)

Anlagen:
Lebenslauf
Lichtbild
Zeugniskopien

Layoutmuster für den Lebenslauf

Lebenslauf

Persönliche Daten:	Sabine Schubert
	Eisenstr. 20
	58125 Hagen
	geb. am 25.03.19xx in Arnsberg
	verheiratet, 1 Kind

Schulausbildung:

19xx – 19xx	Grundschule in Arnsberg
19xx – 19xx	Realschule in Arnsberg,
	Abschluss: Mittlere Reife

Berufsausbildung:

8/19xx – 6/19xx	Ausbildung zur Industriekauffrau
	Neuhaus Electronic GmbH in Arnsberg
	IHK-Abschluss mit Note »gut«

Berufspraxis:

7/19xx – 3/19xx	Weiterbeschäftigung in der Aus-
	bildungsfirma, Auftragsabwicklung,
	Buchhaltung, Überwachung des Zah-
	lungsverkehrs, Gehaltsabrechnung
19xx – 20xx	Erziehungsurlaub und Familienphase
seit 9/20xx – 3/20xx	Teilzeitbeschäftigung bei Müller
	Versand GmbH in Hagen
	Telefonische Bestellannahme

Weiterbildung:

4/20xx – 6/20xx	EDV-Intensivtraining: Fit for Office
	beim IBB-Institut in Hagen
Besondere Kenntnisse:	selbstständiges Erledigen der Geschäfts-
	korrespondenz, Auftragsbearbeitung,
	Buchhaltung, Lohn und Gehalt, sicher
	am PC in den Office-Anwendungen,
	gute Englischkenntnisse

Hagen, den 24. März 20xx   *(Unterschrift)*

Lebenslauf

Persönliche Daten

Name:	**Christine Mäder**
Anschrift:	Hubertusstr. 32
	44577 Castrop-Rauxel
Telefon:	0 23 05 – 67 48 11
Geburtsdatum /-ort:	19. Dezember 19xx in Beuthen/Polen
Staatsangehörigkeit:	deutsch
Familienstand:	verheiratet, 2 Kinder

Schulausbildung

19xx – 19xx	Grundschule in Essen
19xx – 19xx	Realschule in Essen
	Abschluss: Mittlere Reife

Berufsausbildung

04/19xx – 03/19xx	Ausbildung zur Krankenschwester
	Marienhospital in Essen
	Abschluss: Staatlich anerkannte
	Krankenschwester

Beruflicher Werdegang

04/19xx – 09/19xx	Krankenschwester
	Marienhospital in Essen
08/19xx – 12/20xx	Krankenschwester
	St. Rochus-Hospital in
	Castrop-Rauxel
	ab 19xx Stationsleitung

Weiterbildung

05/19xx – 02/19xx	Weiterbildung zur Stationsleitung
	bei der Caritas in Paderborn

Castrop-Rauxel, 20.01.20xx   *(Unterschrift)*

Lebenslauf

Persönliche Daten

Sandra Weinert

Zechenstr. 9
44385 Dortmund
☎ 0231 / 320444

geboren am 18. April 19xx
verheiratet, 1 Kind
deutsch

Schulbildung

08/19xx – 07/19xx	Grund- und Gesamtschule in Castrop-Rauxel
	Hauptschulabschluss

Berufsausbildung

08/19xx – 06/19xx	Ausbildung zur Zahnarzthelferin
	Dr. Schlinkmann in Dortmund
	mit Abschluss

Berufspraxis

06/19xx – 11/20xx	Zahnarzthelferin
	im Ausbildungsbetrieb
06/19xx – 11/20xx	Zahnarzthelferin
	Dr. Volker in Dortmund
anschließend	Erziehungsurlaub

Besondere Kenntnisse

EDV	Textverarbeitung Word und Praxisverwaltung
	ABAMED
	Röntgenschein

Dortmund, 18. September 20xx   *(Unterschrift)*

Thomas Schubert
Markgrafenstr. 12
50623 Köln
Tel. (0221) 314151

Lebenslauf

PERSÖNLICHE DATEN

Geburtsdatum:	6. Juni 19xx
Geburtsort:	Münster
Familienstand:	verheiratet, 2 Kinder
Staatsangehörigkeit:	deutsch

BERUFSTÄTIGKEIT

Seit 1/20xx **Personalsachbearbeiter**
Rüther Maschinenbau GmbH, Köln
Mitarbeiterkoordination, Arbeitszeit-/Urlaubsplanung
Bearbeitung und Vorselektion von Bewerbungen
Lohn- und Gehaltsbuchhaltung,
Reisekostenabrechnung

4/19xx – 12/20xx **Kaufmännischer Angestellter**
Computec GmbH, Münster
Verkaufssachbearbeitung in den Bereichen
Kundenbetreuung, Vertrieb,
Rechnungs- und Mahnwesen

SCHUL- UND BERUFSAUSBILDUNG

19xx – 19xx Ausbildung zum Industriekaufmann
Abschluss: IHK Münster

19xx – 19xx Schillergymnasium in Münster
Abschluss: Abitur

19xx – 19xx Grundschule in Münster

SONSTIGE KENNTNISSE UND FÄHIGKEITEN

EDV-Kenntnisse: sicherer Umgang mit allen MS-Office-Anwendungen

Fremdsprachen: Englisch – sehr gut

Hobbys: Keyboardmusiker in einer Band

Köln, 15. März 20xx   *(Unterschrift)*

Lebenslauf für Bewerbung um einen Ausbildungsplatz

Lebenslauf

Angaben zu Person: (Foto)

Name: **Christine Böhmer**

Wohnort: Kirschweg 12
                             44235 Dortmund

Geboren: 15.08.19xx in Dortmund

Eltern: Sabine Böhmer, Sekretärin
                             Wolfgang Böhmer, Postbeamter

Staatsangehörigkeit: deutsch

Schulausbildung:

19xx – 19xx   Besuch der Grundschule in Dortmund

19xx – 20xx   Besuch der Gutenberg-Realschule
                             in Dortmund

                             Realschulabschluss voraussichtlich
                             im Juni 20xx

Lieblingsfächer: Deutsch und Wirtschaftskunde

Interessen und Hobbys: Engagement in der Jugendarbeit
                             in unserer Kirchengemeinde, Lesen,
                             Arbeit am PC

Berufswunsch: Kauffrau für Bürokommunikation

Dortmund, 12.02.20xx   *(Unterschrift)*

Lebenslauf in Aufsatzform

Marion Kersting
Wachholderweg. 12
44265 Dortmund
Tel. (0231) 345678

Lebenslauf

Am 23. Juni 19xx wurde ich in Gelsenkirchen geboren. Ich bin verheiratet und habe zwei Kinder.

Von 19xx bis 19xx besuchte ich zuerst die Grund- und anschließend die Realschule in Gelsenkirchen, die ich mit der Mittleren Reife abschloss.

Im August 19xx begann ich eine Ausbildung zur Bürokauffrau bei der Firma Schlüter GmbH in Bochum. Während meiner Ausbildung wurde ich mit allen anfallenden Büroarbeiten vertraut gemacht und lernte Maschinenschreiben und Stenografie. Die Ausbildung beendete ich mit der IHK-Prüfung und der Note »gut«.

Danach wechselte ich zum Autohaus Müller in Bochum, wo ich bis zur Geburt meines Sohnes im April 19xx arbeitete. Meine Tätigkeit umfasste die gesamte Geschäftskorrespondenz, die Buchhaltung, die Überwachung des Zahlungsverkehrs und die Personalverwaltung mit Lohn- und Gehaltsabrechnung.

Um mich voll der Erziehung meiner beiden Kinder zu widmen, habe ich meine Berufstätigkeit in den folgenden 12 Jahren unterbrochen. Zum Wiedereinstieg in meinen Beruf besuchte ich 20xx die 6-monatige Fortbildung »ECDL –Europäischer Computerführerschein« beim IBB-Institut. Während dieses Lehrgangs habe ich mir gute Kenntnisse im Umgang mit allen Office-Anwendungen und dem Internet angeeignet.

Seit Oktober 20xx bin ich als Bürokraft in Teilzeit bei der Immobilienverwaltung Schmitt in Dortmund beschäftigt. Dort erledige ich alle anfallenden Sekretariatsaufgaben einschließlich Terminplanung und Buchführung.

Dortmund, den 12.Mai 20xx   *(Unterschrift)*

109

Bewerbungsmappen mit Deckblatt, Anschreiben und Lebenslauf

Bewerbung

als

Arzthelferin

(Foto)

Sabine Arnsberg

Friedensstraße 11
44805 Bochum
Telefon: 0234/542667

Sabine Arnsberg   Friedensstr. 11
                                       44805 Bochum
                                       Tel. (0234) 542667

Verwaltung des
Knappschaftskrankenhauses Bochum
Birkenstr. 25

44892 Bochum

                                       7. Februar 20xx

Ihre Anzeige vom 05.02.20xx in der WAZ
Bewerbung als Arzthelferin für den Bereich EKG

Sehr geehrte Damen und Herren,

für die von Ihnen ausgeschriebene Stelle als Arzthelferin bewerbe
ich mich gern, da ich im Bereich EKG langjährige Erfahrung habe
und Ihre Voraussetzungen erfüllen kann.

Ich bin ausgebildete Arzthelferin und habe bis zur Geburt
meiner Kinder in zwei verschiedenen Praxen für Allgemein-
medizin gearbeitet. Zu meinem Aufgabenbereich gehörten
folgende Tätigkeiten:

  ➢ Karteiführung, Korrespondenz, Terminplanung
  ➢ EKG, Blutentnahme, Injektionen (i.v., s.c., i.m.)
  ➢ Vorbereitung chirurgischer Eingriffe, physikalische Therapien

Seit vier Jahren arbeite ich in ungekündigter Stellung in einer
Bochumer Allgemeinmedizinpraxis für 15 Std. pro Woche.
Da meine Kinder mittlerweile selbstständig genug sind, möchte
ich gerne mehr arbeiten. Die von Ihnen ausgeschriebene Stelle
entspricht daher genau meinen Vorstellungen.

Weitere Einzelheiten würde ich gerne bei einem persönlichen
Vorstellungstermin mit Ihnen besprechen.

Mit freundlichen Grüßen
(Unterschrift)

Anlagen

L e b e n s l a u f

Persönliche Daten

Name:	**Sabine Arnsberg**
Anschrift:	Friedensstr. 11
	44805 Bochum
Geburtsdatum/-ort:	14.03.19xx in Bochum
Staatsangehörigkeit:	deutsch
Familienstand:	verheiratet, 2 Kinder

Schulausbildung

19xx – 19xx	Grundschule in Bochum
19xx – 19xx	Hauptschule in Bochum
	Abschluss: Fachoberschulreife mit
	Qualifikation

Berufsausbildung

8/19xx – 7/19xx	Ausbildung als Arzthelferin
	Dr. Behrens (Allgemeinmedizin)
	Abschluss: Arzthelferin

Beruflicher Werdegang

8/19xx – 10/19xx	Arzthelferin
	Dr. Hellweg (Allgemeinmedizin)
10/19xx – 12/20xx	Arzthelferin
	Dr. Lehr (Allgemeinmedizin)
1/20xx – heute	Arzthelferin
	in einer Bochumer Allgemeinmedizin-
	praxis (15 Std. pro Woche, ungekündigt)

Tätigkeiten

Karteiführung, Korrespondenz, Terminplanung, EKG, Blutentnahme, Injektionen
(i.v., s.c., i.m.), Vorbereitung chirurg. Eingriffe, physikal. Therapien

EDV-Kenntnisse

Windows98/XP, Textverarbeitung Word
Praxisverwaltung Adamed

Bochum, 7. Februar 20xx   (Unterschrift)

Bewerbung

um einen Ausbildungsplatz

als Bankkaufmann

(Foto)

Jens Schröder

Lessingstr. 24
44365 Dortmund
Telefon: 0231 – 234567
jens.schoeder@web.de

Anlagen:
Lebenslauf
Foto
2 Zeugniskopien

Jens Schröder

Lessingstr. 24 • 44365 Dortmund • Tel.: (0231) 234567
E-Mail: jens.schoeder@web.de

Volksbank Dortmund
Herrn Menzel
Märkische Str. 10

44141 Dortmund

18.10.20xx

Bewerbung um einen Ausbildungsplatz als Bankkaufmann

Sehr geehrter Herr Menzel,

vielen Dank für das freundliche Telefonat und die Informationen über
Ihr Angebot an Ausbildungsplätzen. Wie besprochen bewerbe ich mich bei
Ihnen für die Ausbildung als Bankkaufmann.

Zurzeit besuche ich das Dortmunder Goethe-Gymnasium, das ich im
nächsten Sommer mit dem Abitur beende. Den Beruf des Bankkaufmanns
möchte ich ergreifen, weil mich wirtschaftliche Zusammenhänge und
Finanzthemen sehr interessieren und ich später gerne Menschen in Geld-
angelegenheiten beraten möchte.

Meine Lieblingsfächer in der Schule sind Mathematik, Informatik und
Wirtschaftskunde. Da der Umgang mit dem PC zu meinen Freizeit-
interessen gehört, kenne ich mich bereits gut mit Standardprogrammen
aus. Zusammen mit vier Klassenkameraden habe ich die umfangreichen
Internetseiten unseres Gymnasiums neu erstellt und gestaltet.

Im Internet und in den Informationsschriften der Berufsberatung habe
ich mich umfassend über den Beruf des Bankkaufmanns und über die
beruflichen Perspektiven informiert. Außerdem hat mich mein Onkel, der
Zweigstellenleiter einer Bank ist, beraten.

Über die Teilnahme an Ihrem Eignungstest und die Einladung zu einem
persönlichen Gespräch würde ich mich sehr freuen.

Mit freundlichen Grüßen
(Unterschrift)

Anlagen

Lebenslauf

Persönliche Daten

Name:	**Jens Schröder**
Geburtsdatum:	25.10.19xx in Dortmund
Eltern:	Sabine Schröder, Verkäuferin Wolfgang Schröder, Elektriker
Anschrift:	Lessingstr. 24 44365 Dortmund
Telefon:	(0231) 234567
Staatsangehörigkeit:	deutsch

Schulausbildung

19xx – 19xx	Besuch der Grundschule in Dortmund
19xx – heute	Besuch des Goethe-Gymnasiums in Dortmund
Schulabschluss:	Abitur voraussichtlich im Juni 20xx
Lieblingsfächer	Mathematik, Informatik und Wirtschaftskunde
Hobbys	EDV, Keyboard spielen, Schwimmen
Berufswunsch	Bankkaufmann

Dortmund, 18. Oktober 20xx   *(Unterschrift)*

Bewerbung

als

Küchenchef

(Foto)

Holger Brehm

Am Beerenbruch 23
44875 Bochum
Tel.: 0234 – 892980
Mobil.: 0177–1234567
E-Mail: holger.brehm@gmx.de

Holger Brehm   Am Beerenbruch 23

44875 Bochum
Tel.: 0234 – 892980
Mobil: 0177-1234567

Tank + Rast GmbH & Co. KG
Herrn Tietze
Adenauerstr. 15

53188 Bonn

12.02.20xx

Ihre Stellenanzeige vom 6.02.20xx in der WAZ
Bewerbung als Küchenchef

Sehr geehrter Herr Tietze,

vielen Dank für das freundliche und informative Telefonat. Wie
vereinbart sende ich Ihnen meine Bewerbungsunterlagen für die
angebotene Stelle eines Küchenchefs für Ihre Autobahnraststätte
Sauerland West.

Ich habe den Beruf des Kochs von der Pike auf gelernt und zusätzlich eine Ausbildung als Hotelkaufmann abgeschlossen. In
den letzten zehn Jahren war ich als Küchen- bzw. Kantinenleiter
bei Großküchen und Catering-Firmen tätig. Seit drei Jahren
bin ich als Küchenleiter eines Krankenhauses mit ca. 300 Betten
beschäftigt. Mein Aufgabenbereich umfasst die Speiseplan-
erstellung, die Überwachung und Mitarbeit bei der Zubereitung
der Speisen, die Mitarbeiterführung, die Einkaufsplanung und
Preiskalkulation sowie die Überwachung der Hygienevorschrif-
ten. Ich besitze die gewünschten PC-Kenntnisse in den Office-
Anwendungen Word und Excel und kenne mich mit Kalku-
lationsprogrammen aus.

Neben meiner fachlichen Qualifikation zählen Eigenschaften
wie eine hohe Einsatzbereitschaft, serviceorientiertes Denken und
Organisationsvermögen zu meinen persönlichen Stärken.

Aus persönlichen Gründen möchte ich mich verändern. Weitere
Einzelheiten bespreche ich gerne bei einem Vorstellungsgespräch
mit Ihnen. Darauf freue ich mich.

Mit freundlichen Grüßen
(Unterschrift)

Anlagen

Lebenslauf

Persönliche Daten

Holger Brehm
Am Beerenbruch 23
44875 Bochum

Tel.: 0234 – 892980
E-mail: holger.brehm@gmx.de

geboren am 24. Mai 19xx
in Dortmund
verheiratet, 2 Kinder
deutsche Staatsangehörigkeit

Schulausbildung

19xx –19xx	Grundschule in Dortmund
19xx – 19xx	Hauptschule in Dortmund Abschluss: 9. Klasse

Berufsausbildung

08/19xx – 06/19xx	Ausbildung zum Koch Haus Overkamp in Dortmund Abschluss: Gesellenbrief
08/19xx – 06/19xx	Ausbildung zum Hotelkaufmann Hotelfachschule Dieckmann in Wiesbaden Abschluss: Kaufmannsgehilfenbrief

Berufspraxis

07/19xx – 06/19xx	Commizeit Haus Overkamp in Dortmund unterbrochen durch 1 Jahr Grundwehrdienst
07/19xx – 09/19xx	Direktionsassistent Hotel Römischer Kaiser in Dortmund
10/19xx – 12/19xx	Küchenleiter Haus Overkamp in Dortmund

zu Berufspraxis

01/19xx – 03/19xx	Kantinenleiter / Küchenleiter Schulverpflegung Großküche Uffelmann in Witten (ca. 1200 Essen)
08/19xx – 09/20xx	Stellv. Küchenleiter Cook and Chill Sodexho Deutschland Catering und Service Gelsenkirchen
10/20xx – jetzt	Küchenleiter Johannes-Krankenhaus (300 Betten) in Bochum

Sonstige Kenntnisse

19xx	Ausbildereignungsschein IHK Dortmund
19xx	Schulung HACCP Köln
	Kenntnisse in der Zubereitung von Diät- und Diabeteskost
EDV:	MS-Office-Programme Word und Excel Kalkulationssoftware
Führerschein:	Klasse 3
Fremdsprachen:	Englisch – gut in Wort und Schrift

Bochum, 12. Februar 20xx   *(Unterschrift)*

Martin Krieger – Dipl.-Ing. (FH)

Ginsterweg 8
40145 Düsseldorf
Tel.: (0211) 942439
martin.krieger@web.de

(Foto)

Bewerbung

als

Leiter der Qualitätssicherung

Martin Krieger – Dipl.-Ing. (FH)

Ginsterweg 8
40145 Düsseldorf
Tel.: (0211) 942439
martin.krieger@web.de

Walter + Prein GmbH
Herrn Seiffert
Karl-Mewes-Str. 2

40223 Düsseldorf

21. Mai 20xx

Ihre Anzeige vom 15.05.20xx in www.jobpilot.de
Bewerbung als Leiter der Qualitätssicherung

Sehr geehrter Herr Seiffert,

vielen Dank für das freundliche Telefonat und die ausführlichen Informationen. Wie besprochen sende ich Ihnen meine Bewerbung als Leiter der Qualitätssicherung.

Ich bin Diplom-Ingenieur Maschinenbau und habe mich als Qualitätsingenieur weiterqualifiziert. In meiner derzeitigen Position als Leiter der Qualitätssicherung bei einem Hersteller für Automobilbremssysteme bin ich verantwortlich für die Pflege und Weiterentwicklung des bestehenden Qualitätsmanagement-Systems. Dazu gehören das Erstellen von Verfahrens- und Arbeitsanweisungen, die Dokumentation und die Durchführung von Qualitätsworkshops sowie internen und externen Qualitätsaudits.

Auch in meiner vorangegangenen Tätigkeit habe ich meine Fähigkeiten durch den Aufbau eines Qualitätssicherungssystems nach ISO 9002 unter Beweis gestellt. Neben meiner fachlichen Kompetenz runden eine hohe Leistungs- und Lernbereitschaft sowie Team- und Kommunikationsfähigkeit mein Profil ab.

Die im Telefonat angesprochenen Aufgaben sind eine reizvolle Herausforderung, in welcher ich meine Fähigkeiten noch besser einsetzen kann.

Gern stehe ich Ihnen für weitere Einzelheiten in einem persönlichen Gespräch zur Verfügung.

Mit freundlichen Grüßen
(Unterschrift)

Anlagen

121

Martin Krieger – Dipl.-Ing. (FH)

Ginsterweg 8
40145 Düsseldorf
Tel.: (0211) 942439
martin.krieger@web.de

L e b e n s l a u f

geboren am 24. Mai 19xx in Remscheid
verheiratet, 2 Kinder
deutsche Staatsangehörigkeit

B e r u f s p r a x i s

07/20xx bis heute	**Leiter Qualitätssicherung** Atlas Bremssysteme GmbH in Düsseldorf • Leitung von 12 Mitarbeitern • Pflege und Weiterentwicklung eines QM-Systems nach ISO 9002 • Erstellen von Verfahrens- und Arbeitsanweisungen • Organisation und Moderation von Qualitätsworkshops • Durchführung von internen und externen Qualitätsaudits
10/19xx – 12/20xx	**Qualitätsingenieur** • Berger Umwelttechnik GmbH in Solingen • Aufbau eines Qualitäts-sicherungssystems • Erstellen von Verfahrens- und Arbeitsanweisungen • Dokumentation des Qualitätsmanage-mentsystems • Auswertung von Messdaten • Durchführung von Fähigkeitsunter-suchungen und internen Audits
02/19xx – 08/19xx	**Betriebsschlosser** Thyssen-Werke AG in Düsseldorf

Studium

10/19xx – 09/19xx	Maschinenbaustudium mit Schwerpunkt Fertigungstechnik Fachhochschule Bochum Abschluss: Dipl.-Ing. (FH), Diplom: Note »gut«

Berufsausbildung

08/19xx – 01/19xx	Ausbildung zum Betriebsschlosser Thyssen-Werke AG in Düsseldorf Abschluss: Facharbeiterbrief

Schulausbildung

19xx – 19xx	Grund- und Hauptschule in Düsseldorf
19xx – 19xx	Fachoberschule in Düsseldorf Abschluss: Fachhochschulreife

Besondere Kenntnisse

19xx	Lehrgang Qualitätsmanagement mit Abschluss Qualitätsfachingenieur
EDV:	sicherer Umgang mit allen MS-Office-Anwendungen
Fremdsprachen:	Englisch – fließend in Wort und Schrift

Wuppertal, 21. Mai 20xx (Unterschrift)

Bewerbung

als Personalreferentin

bei Merkur-Technik GmbH

(Foto)

Julia Krüger

Wellinghofer Str. 23
44263 Dortmund
☎ (0231) 345678
julia.krueger@gmx.de

Julia Krüger

Wellinghofer Str. 23
44263 Dortmund
☎ (0231) 345678
julia.krueger@gmx.de

Merkur-Technik GmbH
Herrn Roland Walter
Am alten Damm 10

20123 Hamburg

28. Juli 20xx

Ihre Anzeige vom 21.07.20xx in www.jobpilot.de
Bewerbung als Personalreferentin

Sehr geehrter Herr Walter,

vielen Dank für das freundliche Telefonat und die ausführlichen Informationen. Wie vereinbart sende ich Ihnen meine Bewerbung für die Stelle einer Personalreferentin.

Ich bin Diplom-Psychologin und seit drei Jahren bei einer Versicherung im Bereich Personalauswahl und -entwicklung tätig. Mein Aufgabenbereich umfasst

➢ die Bearbeitung von Bewerbungsunterlagen und das Führen von Vorstellungsgesprächen,
➢ die Durchführung von Eignungstests und die Mitarbeit bei der Konzeption und Durchführung von Assessment-Centern,
➢ die Konzeption, Organisation und Durchführung von firmeninternen Schulungen.

Ich habe gute PC-Kenntnisse in den Office-Anwendungen und spreche fließend Englisch. Eine hohe Leistungsbereitschaft, Team- und Kommunikationsfähigkeit runden mein Profil ab.

Da ich mich beruflich weiterentwickeln möchte, ist die angebotene Tätigkeit eine reizvolle Herausforderung, der ich mich gern stellen möchte.

Gern bespreche ich weitere Einzelheiten in einem persönlichen Gespräch mit Ihnen.

Mit freundlichen Grüßen
(Unterschrift)

Anlagen

Julia Krüger

Wellinghofer Str. 23
44263 Dortmund
☎ (0231) 345678
julia.krueger@gmx.de

Lebenslauf

PERSÖNLICHE DATEN

Geburtsdatum:	15.08.19xx
Geburtsort:	Recklinghausen
Familienstand:	verheiratet

SCHULAUSBILDUNG

19xx – 19xx	Grundschule in Recklinghausen
19xx – 19xx	Goethe-Gymnasium in Recklinghausen Abitur: Mai 19xx

STUDIUM

19xx – 20xx	**Studium der Psychologie** an der Ruhr-Universität Bochum Schwerpunkte: Arbeits- und Organisations- psychologie, Eignungsdiagnostik
	Thema der Diplomarbeit: Der Einsatz von Persönlichkeitstests bei der Auswahl von Führungskräften
4/20xx	Abschluss: Diplom-Psychologin

BERUFSTÄTIGKEIT

seit 09/20xx	**Personalreferentin** SECURA-Versicherung AG in Dortmund Bewerberauswahl, Eignungsdiagnostik, Konzeption und Durchführung von Test- verfahren und Assessment-Centern, Durch- führung von firmeninternen Schulungen

SONSTIGES

EDV-Kenntnisse:	fundierte Kenntnisse in den MS-Office-Anwendungen sowie Internet, Statistiksoftware SPSS
Fremdsprachen:	Englisch – sehr gut

Dortmund, den 28. Juli 20xx   *(Unterschrift)*

Alexander Steinert
Tischlermeister

Frankenstr. 11
58239 Schwerte
Tel. 02304-23456
E-Mail: alex.steinert@web.de

(Foto)

Bewerbungsunterlagen

für Schreinerei Bohlen GmbH

ALEXANDER STEINERT
Frankenstr. 11 ◆ 58239 Schwerte ◆ Tel.: 02304–23456

Schreinerei Bohlen GmbH
Herrn Bohlen
Burgunder Str. 15

58239 Schwerte

18. Juni 20xx

Ihre Anzeige vom 14.06.20xx im Südanzeiger
Bewerbung als Tischlermeister

Sehr geehrter Herr Bohlen,

für die von Ihnen ausgeschriebene Stelle als Tischlermeister bewerbe
ich mich, weil ich aufgrund meiner bisherigen Berufserfahrungen Ihre
Anforderungen erfüllen kann.

Ich bin 31 Jahre alt und seit drei Jahren als Tischlermeister bei meinem
derzeitigen Arbeitgeber tätig. Mein Aufgabenbereich umfasst sowohl alle
Montagetätigkeiten auf Baustellen als auch die Arbeiten im Innenausbau.
Dazu gehört auch das Entwerfen und Anfertigen von unterschiedlichen
Einbaumöbeln für Privat- und Geschäftsräume. Selbstverständlich besitze
ich die gewünschten CNC-Kenntnisse und habe außerdem umfangreiche
Erfahrungen in der Kundenberatung und im Materialeinkauf. Gute kalku-
latorische Kenntnisse, kostenbewusstes Denken und eine hohe Einsatzbereitschaft ergänzen mein Profil. Dass ich mein Handwerk verstehe,
können Sie auch aus der Beurteilung im beigefügten Zwischenzeugnis
entnehmen.

Da ich meine derzeitige Tätigkeit wegen Auftragsmangel zum
30. September beenden muss, interessiert mich Ihr Stellenangebot
besonders.

Für weitere Einzelheiten stehe ich Ihnen gerne in einem persönlichen
Gespräch zur Verfügung.

Mit freundlichen Grüßen
(Unterschrift)

Anlagen

Lebenslauf

Persönliche Daten:	**ALEXANDER STEINERT**
	Frankenstr. 11
	58239 Schwerte
	Tel.: 02304-23456
	geb. am 14.06.19xx in Lüdenscheid
	verheiratet, zwei Kinder

Schulausbildung:

19xx – 19xx	Grundschule in Lüdenscheid
19xx – 19xx	Hauptschule in Lüdenscheid,
	Abschluss: 10. Klasse

Berufsausbildung:

8/19xx – 6/19xx	Ausbildung zum Tischler
	Bauschreinerei Harkort GmbH in Lüdenscheid
	Abschluss: Gesellenbrief

Wehrdienst:

8/19xx – 6/19xx	Grundwehrdienst in Lüneburg

Berufspraxis:

7/19xx – 3/19xx	Tischlergeselle
	Weiterbeschäftigung in der Ausbildungsfirma
	Herstellung und Montage von Fenstern und Türen
	sämtliche Bauschreinerarbeiten
7/19xx – 3/20xx	Tischler
	Grobe Innenausbau GmbH in Schwerte
	sämtliche Arbeiten im Innenausbau
	Herstellung und Montage von Leichtbauwänden
	und Einbaumöbeln, Holztreppenbau
seit 3/20xx	Tischlermeister
	Schreinerei Kanther GmbH in Hagen
	Entwurf und Konstruktion, Auftragsbearbeitung,
	Kundenberatung, Kostenrechnung

Weiterbildung:

19xx	CNC-Technik – Holzbearbeitung
20xx	Meisterlehrgang mit Abschluss vor der
	Handwerkskammer Dortmund

Schwerte, 18. Juni 20xx   *(Unterschrift)*

Bewerbung

als

Verkäuferin

bei

Saturn-Discount GmbH

(Foto)

Bewerberin

Andrea Henschel
Castroper Str. 12
45657 Recklinghausen
Tel.: 02361 – 345678

Andrea Henschel   Castroper Str. 12
45657 Recklinghausen
Telefon: (0 23 61) 345678

Saturn-Discount GmbH
Frau Grabert
Feldhauser Str. 12

453611 Recklinghausen

25. Juli 20xx

Bewerbung als Verkäuferin im Einzelhandel

Sehr geehrte Frau Grabert,

ich beziehe mich auf unser heutiges Telefonat und sende Ihnen
wie vereinbart meine Bewerbung für die angesprochene Tätigkeit
als Verkäuferin.

Ich bin ausgebildete Kauffrau im Einzelhandel und war nach
meiner Ausbildung viele Jahre im Modehaus Becker tätig. Mein
Aufgabenbereich umfasste zunächst die Kundenberatung und
den Verkauf, das Kassieren und die Warenauszeichnung. Später
war ich als Gruppenleiterin in der Logistik eingesetzt. In dieser
Funktion war ich mitverantwortlich für den korrekten und
termingerechten Ablauf des gesamten Auszeichnungsvorgangs,
die Bearbeitung von Reklamationen und Retouren sowie die
Personaleinsatzplanung.

Ich bin freundlich im Umgang mit Kunden, kann auch anspruchsvolle Kunden gut beraten und behalte auch in hektischen
Situationen den Überblick. Zudem bin ich flexibel einsetzbar,
sehr engagiert und kann gut organisieren. Nach einer Familien-
pause und Erziehung meiner Kinder möchte ich jetzt wieder
als Teilzeitkraft, bevorzugt vormittags, in meinem Beruf arbeiten.
Meine Kinder werden in dieser Zeit gut betreut.

Die Mitarbeit könnte ich sofort aufnehmen. Weitere Einzelheiten
bespreche ich gerne bei einem persönlichen Vorstellungstermin
mit Ihnen.

Mit freundlichen Grüßen
(Unterschrift)

Anlagen

LEBENSLAUF

Persönliche Daten:

Name:	**Andrea Henschel**
Adresse:	Castroper Str. 12
	45657 Recklinghausen
Telefon:	(0 23 61) 345678
Geburtsdatum/-ort:	18.07.19xx in Witten
Familienstand:	verheiratet, 2 Kinder
Staatsangehörigkeit:	deutsch

Schulausbildung:

19xx – 19xx	Grundschule in Witten
19xx – 19xx	Hauptschule in Witten
	Abschluss: Fachoberschulreife

Berufsausbildung:

19xx – 19xx	**Ausbildung zur Kauffrau im Einzelhandel**
	Modehaus Becker in Bochum
	Abschluss: Kauffrau im Einzelhandel

Berufserfahrung:

05/19xx – 08/19xx	**Kauffrau im Einzelhandel**
	Modehaus Becker in Bochum und Essen
	Kundenberatung und Verkauf, Kasse,
	Verwaltung, Personaleinsatzplanung
anschließend	Geburt meiner Kinder und
	Erziehungsurlaub

Weiterbildung:

	regelmäßige Verkaufsschulungen
	Ausbildereignungsschein
20xx	ECDL-Lehrgang
	(Europäischer Computer-Führerschein)
	bei GBB-Schulen in Recklinghausen

Dortmund, 30. Januar 20xx   *(Unterschrift)*

Das Stellengesuch

Statt auf ein passendes Stellenangebot zu warten, können Sie selbst aktiv werden und mit einer eigenen Anzeige eine Stelle suchen. Allerdings hat man damit nur dann Erfolg, wenn man sich gut verkauft und die eigenen Fähigkeiten richtig herausstellt. Besonders die Vertreter kleiner und mittlerer Unternehmen sehen sich auch Stellengesuche an, ehe sie das Geld für eine eigene Anzeige ausgeben.

Ein Stellengesuch kann man als eine Bewerbung in ihrer kürzesten Form ansehen. Es muss Ihnen gelingen, sich in wenigen Worten mit Ihren Fähigkeiten und Kenntnissen interessant zu machen, damit die angesprochenen Firmen auf Sie aufmerksam werden.

Denken Sie dabei nicht nur an sich selbst und was Sie suchen. Versuchen Sie sich vielmehr in die Lage des Lesers zu versetzen und denken Sie darüber nach, was die angesprochenen Firmen interessieren könnte. Sprechen Sie deren Probleme an und bieten Sie sich mit Ihrer Qualifikation als Lösung an.

Kommen auf Ihr Stellengesuch Anfragen von Firmen, müssen Sie den interessierten Unternehmen in der Regel Ihre Bewerbungsunterlagen zuschicken. Bereiten Sie deshalb Ihre kompletten Bewerbungsunterlagen vor, damit Sie schnell reagieren können.

Inhalt und Gestaltung

Ein gutes Stellengesuch zeichnet sich durch folgende Merkmale aus:

- Der Text muss in wenigen Worten ausreichende Informationen über die Eignung des Inserenten geben. Überlegen Sie sich deshalb, mit welchen Fähigkeiten, Kenntnissen und Eigenschaften Sie besonders auf sich aufmerksam machen können.
- Die Anzeige muss wirkungsvoll gestaltet sein, um zwischen den anderen Anzeigen aufzufallen. Wählen Sie eine angemessene Größe und eine aussagekräftige, optisch hervorgehobene Schlagzeile.

Die Qualifikation und die angestrebte Position oder Aufgabe müssen eindeutig aus der Anzeige hervorgehen. Ihr Stellengesuch muss daher über folgende drei Punkte Auskunft geben:

- Wer sind Sie? (Berufsbezeichnung/jetzige Position)
- Was haben Sie zu bieten? (Kenntnisse, Fähigkeiten, Erfahrungen)
- Was suchen Sie? (angestrebte Position/Aufgabe)

Die Checkliste auf der folgenden Seite gibt an, auf welche Punkte Sie im Einzelnen eingehen sollten.

Wählen Sie für Ihr Inserat eine aussagekräftige Schlagzeile, die dem Leser auf den ersten Blick etwas Wesentliches über Sie sagt und Aufmerksamkeit erzeugt. Dafür eignen sich vor allem die Berufsbezeichnung, die jetzige Tätigkeit oder die angestrebte Aufgabe. Beispiele: Erfahrene Sekretärin, Tischlermeister, Top-Verkäufer, Dipl.-Ing. Nachrichtentechnik. Heben Sie die Schlagzeile optisch durch ein größeres Schriftbild oder Fettdruck hervor.

CHECKLISTE

Stellengesuch

- – Berufsbezeichnung/jetzige Position
- – Alter
- – Ausbildung
- – Fach- und Branchenkenntnisse
- – Fähigkeiten, Berufserfahrungen
- – persönliche Stärken
- – angestrebte Aufgabe/Position
- – möglicher Eintrittstermin
- – Einsatzort / Mobilität

Die Anzeige schließt man gewöhnlich mit einer Chiffre ab, zum Beispiel:

Angebote (Zuschriften) erbeten unter ...

Schreiben Sie mir bitte unter ...

Eine Chiffre ist gegenüber einer Telefonnummer vorzuziehen. Nicht jeder braucht zu wissen, dass Sie eine Stelle suchen. Außerdem können Sie die Zuschriften in Ruhe auswerten und entscheiden, welche Firmen für Sie in Frage kommen.

Um mit Ihrer Anzeige Erfolg zu haben, sollten Sie folgende Empfehlungen beachten:

1. Ihre Eignung muss in der Anzeige möglichst deutlich werden. Nennen Sie Ihre wesentlichen Fähigkeiten, Kenntnisse und Stärken im Hinblick auf die angestrebte Tätigkeit.

2. Weniger ist mehr. Stopfen Sie Ihren Text nicht mit zu vielen Informationen voll, sonst wird er nicht gelesen. Überlegen Sie sich lieber, worauf es ankommt.

3. Versuchen Sie, sich in die Lage des Lesers zu versetzen. Fragen Sie sich, was für die angesprochenen Firmen wichtig ist.

4. Geben Sie Ihre Qualifikation und die gesuchte Tätigkeit genau an. Vermeiden Sie deshalb schwammige, unkonkrete Aussagen wie »breit qualifiziert, vielseitig interessiert, EDV-Tätigkeit gesucht«.

5. Vermeiden Sie ebenfalls Allerweltsbegriffe und nichts sagende Floskeln wie »Topmann, Allround-Kaufmann, Vertriebsprofi, reife Persönlichkeit«.

6. Ungeeignet sind Schlagzeilen in Frageform oder Mitleidsappelle: »Wer bietet mir…?, Wo finde ich…?, Wer gibt mir eine Chance?«

7. Vermeiden Sie am Schluss unklare Formulierungen wie »…sucht passenden Wirkungskreis«, »…sucht geeignete Aufgabe«, »…sucht interessante Tätigkeit«, sonst ist nicht klar, was der Inserent überhaupt sucht.

8. Gehen Sie mit Abkürzungen möglichst sparsam um, damit der Text verständlich bleibt. Überlegen Sie sich, auf welche Angaben es ankommt und wo Sie Überflüssiges weglassen können.

9. Sorgen Sie dafür, dass der Text gut strukturiert und leicht lesbar ist.

10. Wählen Sie die Anzeigengröße so, dass sie zur gesuchten Position passt. Für weniger qualifizierte Tätigkeiten reicht eine einspaltige Anzeige aus, für höhere Positionen wählt man mindestens zwei Spalten.

Platzierung

Regionale Tageszeitungen bieten sich an, wenn Sie an Ihrem Wohnort oder in der näheren Umgebung einen neuen Arbeitsplatz suchen.

Überregionale Tageszeitungen kommen in Frage, wenn Sie besondere Qualifikationen anzubieten haben und bereit sind, in der gesamten Bundesrepublik oder im Ausland zu arbeiten.

In Fachzeitschriften können Sie Firmen einer Branche ganz gezielt ansprechen, wobei Sie natürlich Ihre Fachkenntnisse deutlich herausstellen müssen.

Die Anzeigen werden von den meisten Zeitungen telefonisch entgegengenommen. Die Telefonnummer steht im Impressum jeder Zeitung. Manche Zeitungen drucken auch Bestellformulare für Stellengesuche ab.

Weiterhin können Sie Ihr Stellengesuch auch im Internet veröffentlichen. Viele Jobbörsen bieten Ihnen diese Möglichkeit kostenfrei an. Im Allgemeinen müssen Sie dazu Ihre Angaben in Online-Formulare eintragen. Während manche Jobbörsen nur einige kurze Infos abfragen, wünschen andere Anbieter detaillierte Informationen zu Ihrem Lebenslauf, Ihren Qualifikationen und Ihren Berufswünschen.

Für die Formulierung der Anzeige gelten die gleichen Hinweise wie für ein Gesuch in der Zeitung. Achten Sie auf Kürze und Prägnanz. Machen Sie ausreichende Angaben zu Ihrer Qualifikation und geben Sie genau an, was Sie suchen.

Beispiele für gute und schlechte Anzeigen

So könnten Sie Ihre Anzeige verfassen:

Medizintechnik erfolgreich vermarkten...

Marketing-Profi, 41, Dipl.-Ing., sucht neue Herausforderung
als Marketing-/Vertriebsleiter
• Langjährige Marketing- und Vertriebserfahrung bei führen-
  den Medizintechnik-Unternehmen
• Medizinelektronik, Beatmung, Monitoring, Datenmanage-
  ment, MIC-Systeme
• Internationale Ausrichtung, verhandlungssicheres Englisch
• Operative und strategische Marketingtechniken
• Analytisch, kreativ, durchsetzungsstark
Ich freue mich auf Ihre Zuschrift unter...

Verkaufsleiter

38 J., Praktiker mit langjähriger Vertriebserfahrung im
Investitions- und Gebrauchsgüterbereich in westeuropäischen
Märkten; fundierte Kenntnisse in Zielgruppenstrategie,
Organisation, Planung, Kontrolle; stark serviceorientiert;
Erfahrung im internationalen Marketing und Transportwesen;
Englisch und Französisch fließend; sucht neue verant-
wortungsvolle Tätigkeit.

Angebote unter...

Buchhalterin

31 J., mehrjährige Berufserfahrung bei Steuerberater mit
eigenständiger Mandantenbetreuung, umfangreiche Kenntnisse
in Lohn- und Finanzbuchhaltung, Steuererklärungen und G&V,
Datev, Word und Excel, sucht neue Tätigkeit im Raum Bochum.

Zuschriften unter...

Tischlermeister

36 J., langjährige Praxis im Innenausbau, Möbelbau
und Ladenbau, Erfahrung in Kundenbetreuung, Planung,
Gestaltung, Konstruktion, AV, Ausbildung, gute CAD-,
CNC-Kenntnisse, sucht Veränderungsmöglichkeiten in
einem größeren Betrieb im Raum Köln.

Angebote unter...

Personalsachbearbeiterin

38 J., mehrj. Erfahrung im Personalwesen, vertraut mit allen
Aufgaben im Lohn- und Gehaltsbereich, gute Kenntnisse im
Tarif-, Sozialversicherungs-, Steuer- und Arbeitsrecht, Word,
Excel, PAYSY-Erfahrung, sucht ab 1.4. neue Tätigkeit im Raum
Dortmund.

Zuschriften unter...

Erfahrene Bürokraft

Sie suchen eine verantwortungsbewusste Vollzeitkraft, die alle anfallenden Büroarbeiten wie Korrespondenz, Auftragsbearbeitung, Fakturieren, vorbereitende Buchführung, Terminabsprachen selbstständig erledigt? Ich bin eine 35-jährige Bürokauffrau mit sehr guten MS-Office-Kenntnissen, habe keine Angst vor Herausforderungen und verliere auch bei hohem Arbeitsaufwand nicht die Freude an der Arbeit. Wann darf ich mich bei Ihnen vorstellen?

Zuschriften unter...

So sollte Ihr Gesuch nicht aussehen:

Dringend

Wer gibt junger Frau, 29, mit abgebrochenem Studium (Jura), eine Chance? Suche kurzfristig Bürotätigkeit.

Zuschriften unter...

Kauffrau

Selbstständig engagierte, selbstbewusste Kauffrau sucht neue berufliche Herausforderung.

Zuschriften unter...

Wer gibt mir eine Chance?

25-jährige kreative, junge Frau mit FOS möchte nicht länger
untätig zu Hause sitzen. Suche daher einen Ausbildungsplatz als Floristin, Dekorateurin, Druckvorlagenherstellerin
oder Kauffrau für Bürokommunikation im Raum GE.

Zuschriften unter...

Suche Arbeit

Suche Arbeit, fast jede Branche, sofort oder später, mögl.
Ruhrgebiet, techn.-kfm. Sachbearbeiter, Objektabwicklung,
Einkäufer Anlagenbau, Lichtwerbung, Maschinenbautechniker,
gel. Dreher, ehem. Vertreter.
45 J. jung, flexibel, belastbar, vielseitig, systematisches
Arbeiten, aufnahmefähig, PC-Erfahrung.

Zuschriften...

Hilferuf

Ich brauche dringend Arbeit. Junge Frau, 37, flexibel
einsetzbar: Büro, Verkauf, Hotel. Sehr zuverlässig.

Erwarte Ihren Anruf. Tel....

Typische Fehler

Typische, immer wiederkehrende Fehler, die in schlechten Anzeigen auffallen, sind:

- Bei einigen Anzeigen fällt schon die Überschrift unangenehm auf. Statt mit der Schlagzeile neugierig zu machen, erzeugen Überschriften wie »Wer gibt mir eine Chance?« oder »Hilferuf« Abneigung.

- Es fehlen wichtige Informationen über die Qualifikation des Inserenten. Eine gute Anzeige muss immer möglichst genaue Angaben über Ausbildung, Fähigkeiten und Kenntnisse enthalten, damit die Firma beurteilen kann, ob der Bewerber zur freien Stelle passt.

- Die Angaben über die eigenen Fähigkeiten und Kenntnisse sind so allgemein, unklar oder nichts sagend, dass daraus nicht zu erkennen ist, was der Bewerber zu bieten hat. Oft werden Allerweltsbegriffe, Floskeln oder Schlagwörter verwendet, die wenig über die Fähigkeiten des Bewerbers aussagen.

- Der Bewerber versteht es nicht, seine Stärken richtig hervorzuheben.

- Die ausgeübten Tätigkeiten des Bewerbers sind sehr unterschiedlich und passen nicht zusammen. Der rote Faden in der beruflichen Entwicklung des Bewerbers ist nicht zu erkennen.

- In vielen Anzeigen ist nicht erkennbar, welche Aufgabe beziehungsweise Position der Bewerber überhaupt anstrebt. Wahrscheinlich weiß er das häufig selbst nicht.

- Ungünstige Angaben sollte man in der Anzeige besser weglassen, um den Leser nicht von Anfang an zu verschrecken. Erläutern Sie Probleme und Auffälligkeiten später in den Bewerbungsunterlagen.

Einen eher ungünstigen Eindruck macht es auch, wenn Sie in der Anzeige angeben, dass Sie die Stelle kurzfristig oder dringend brauchen.

Reaktion auf Anfragen

Kommen auf Ihre Anzeige hin Anfragen, so lassen Sie die interessierten Firmen nicht zu lange warten. Entspricht ein Angebot Ihren Vorstellungen, können Sie telefonisch Kontakt aufnehmen oder Ihre Bewerbungsunterlagen versenden. Ansonsten sollten Sie der Firma eine höfliche Absage erteilen.

Mustertext: Kontaktaufnahme

Ihr Schreiben vom...

Sehr geehrter Herr Müller,

vielen Dank für Ihre Anfrage auf mein Stellengesuch. Da Ihr Angebot meinen Vorstellungen entspricht, sende ich Ihnen meine Bewerbungsunterlagen.

Es würde mich freuen, wenn ich mich in den nächsten Tagen bei Ihnen vorstellen könnte.

Mit freundlichen Grüßen
(Unterschrift)

Mustertext: Absage

Ihr Schreiben vom...

Sehr geehrter Herr Müller,

vielen Dank für Ihre Anfrage auf mein Stellengesuch. Es hat mich sehr gefreut, dass Sie an meiner Mitarbeit interessiert sind. Ich habe mich jedoch zwischenzeitlich für ein anderes Angebot entschieden.

Mit freundlichen Grüßen
(Unterschrift)

Nach der Bewerbung

Ist Ihre Bewerbung abgeschickt, bleibt Ihnen nichts anderes übrig als abzuwarten. Folgende Möglichkeiten können eintreten:

- Sie erhalten eine Einladung zum Vorstellungsgespräch oder erst einmal zum Eignungstest. Damit haben Sie Ihr vorläufiges Ziel erreicht und sollten sich auf die nächste Hürde vorbereiten.
- Sie erhalten nach einigen Tagen einen Zwischenbescheid mit der Bitte um Geduld. Manchmal bekommen Sie auch einen Personalbogen zugeschickt, den Sie ausfüllen müssen.
- Sie warten mehrere Wochen, ohne eine Antwort zu bekommen. Dann sollten Sie das Unternehmen noch einmal an die Bewerbung erinnern.
- Sie erhalten nach einiger Zeit Ihre Unterlagen mit einer Absage zurück.

Personalfragebogen

Einige Firmen versenden nach Eingang der Unterlagen einen Personalfragebogen an die Bewerber.

Das Ausfüllen des Fragebogens ist sicher eine lästige Angelegenheit, besonders dann, wenn die meisten Angaben schon aus der Bewerbung hervorgehen. Für die Unternehmen haben die Fragebogen aber folgende Vorteile:

▓ Von allen Bewerbern liegen einheitliche und damit vergleich-
bare Informationen vor.

▓ Es können auch Antworten zu Punkten eingeholt werden, die
normalerweise nicht aus der Bewerbung hervorgehen.

Da jedes Unternehmen auf andere Aspekte Wert legt, gibt es keine einheitlichen Fragebogen. Es werden aber immer zu den folgenden Bereichen Antworten verlangt:

▓ Angaben zu Ihrer Person und Familie

▓ Gesundheitszustand/Schwerbehinderung

▓ Schul- und Berufsausbildung

▓ Wehr- oder Zivildienst

▓ Beruflicher Werdegang

▓ Zusatzqualifikationen

▓ Frühester Eintrittstermin

▓ Bisheriges Einkommen und Gehaltsvorstellung

Beachten Sie beim Ausfüllen des Fragebogens folgende Punkte:

▓ Füllen Sie den Fragebogen sorgfältig aus.

▓ Achten Sie darauf, dass zwischen den Angaben im Fragebogen und in Ihren Bewerbungsunterlagen keine Unterschiede
auftreten.

▓ Beantworten Sie alle Fragen wahrheitsgemäß. Falsche Angaben können später zu einer fristlosen Kündigung oder zu
Schadensersatzansprüchen führen.

▓ Fragen, die Ihre Privatsphäre berühren, brauchen Sie nicht zu
beantworten. Dazu gehören:

   ▷ Frühere Krankheiten

   ▷ Schwangerschaft und Familienplanung

   ▷ Vorstrafen ohne Bezug zur Berufstätigkeit

   ▷ Religions-, Partei-, Gewerkschaftszugehörigkeit

▷ Vermögensverhältnisse, außer bei leitenden Angestellten oder bei besonderer Vertrauensstellung, zum Beispiel Kassierer

Schicken Sie den ausgefüllten Fragebogen möglichst schnell wieder an die Firma zurück, und machen Sie sich vorher noch eine Kopie.

Nachfassen

Manchmal hören Sie wochenlang nichts von der angeschriebenen Firma. Haben Sie nach etwa drei Wochen noch keine Antwort bekommen, empfiehlt es sich, noch einmal an das Unternehmen zu schreiben, um an die Bewerbung zu erinnern oder die Rücksendung der Bewerbungsunterlagen zu erbitten.

Das Beispiel auf der folgenden Seite zeigt Ihnen, wie Sie derartige Briefe abfassen können.

Alternativ können Sie sich auch telefonisch nach dem Bearbeitungsstand erkundigen. Bereiten Sie das Gespräch gut vor.

Lassen Sie sich bei kleineren Firmen mit dem Chef, bei größeren mit dem zuständigen Personalsachbearbeiter verbinden. Nennen Sie deutlich Ihren Namen und sagen Sie, worum es geht:

»Ich habe mich am … als … bei Ihnen beworben. Bisher habe ich von Ihnen keine Nachricht erhalten.«

Mögliche Fragen, die Sie stellen können, sind:

▨ Welchen Eindruck haben Sie von meinen Unterlagen?
▨ Können Sie bereits absehen, wann ich mich bei Ihnen vorstellen kann?
▨ Wann kann ich mit einer Nachricht von Ihnen rechnen?
▨ Kann ich Ihnen noch zusätzliche Informationen zu meiner Person geben?

Ihre Stellenanzeige in der ... -Zeitung vom ...

Sehr geehrte Damen und Herren,

am 14.09.20xx habe ich mich bei Ihnen als ... beworben. Ich glaube, für Sie der richtige Mitarbeiter zu sein, weil ich alle Anforderungen der Stelle erfüllen kann.

Meine besonderen Fähigkeiten und Stärken für die angestrebte Tätigkeit sind:

...

...

Gerne stehe ich Ihnen in einem Vorstellungsgespräch für weitere Informationen zur Verfügung. Wenn Sie sich schon für einen Bewerber entschieden haben sollten, senden Sie mir bitte meine Bewerbungsunterlagen zurück. Danke.

Mit freundlichen Grüßen
(Unterschrift)

Betonen Sie Ihr Interesse an der Stelle und nennen Sie noch einmal die wichtigsten Argumente, die für Sie sprechen.
»Ich denke, dass ich besonders wegen ... (Argumente) für die Position geeignet bin/hervorragende Voraussetzungen besitze.«

Abgelehnte Bewerbungen

Es ist selten, dass gleich die erste Bewerbung zum Erfolg führt. Denn bei attraktiven Stellen ist die Konkurrenz groß und meistens ist nur eine Stelle zu besetzen.

Haben Sie allerdings schon mehrfach Absagen erhalten, sollten Sie Ihre Bewerbung erneut überdenken und überlegen, welche Fehler Sie gemacht haben. Die Gründe für eine Ablehnung sollte man zuerst einmal bei sich selbst suchen und nicht anderen die Schuld geben.

Die Absagebriefe der Firmen enthalten nur in seltenen Fällen eine Begründung der Ablehnung. Meist enthält eine Absage die nichts sagende Standardformulierung »…nach sorgfältiger Prüfung Ihrer Unterlagen müssen wir Ihnen leider mitteilen, dass wir uns für einen anderen Bewerber entschieden haben.« Damit kann man allerdings nicht viel anfangen.

Sie müssen sich also mit Ihrer Bewerbung auseinander setzen und selbst überlegen, was Sie falsch gemacht haben. Gründe für eine Ablehnung, die bei Ihnen liegen, können sein:

1. Sie haben das Stellenangebot nicht richtig gelesen und können mit Ihrer Qualifikation die Anforderungen des Unternehmens nicht ausreichend erfüllen. Andere Bewerber bringen bessere Voraussetzungen mit.
   Prüfen Sie daher, ob Sie für die angestrebte Stelle überhaupt der richtige Bewerber sind.

2. Ihre Bewerbungsunterlagen entsprechen nicht den Erwartungen und sind verbesserungsbedürftig.
   Prüfen Sie daher kritisch Ihre Bewerbungsunterlagen auf Form, Inhalt, Aufmachung und Vollständigkeit.

Um Gründe für die Absage zu erfahren und Hinweise für zukünftige Bewerbungen zu bekommen, können Sie auch beim Unternehmen anrufen. Lassen Sie sich mit der Person verbinden, die für die Stellenbesetzung zuständig ist. Fragen Sie nach den Gründen, die zu einer Ablehnung geführt haben. Wenn Sie nichts Konkretes erfahren, bleiben Sie trotzdem freundlich und beenden das Gespräch.

Eignungstests

Große und bekannte Unternehmen erhalten meist eine Flut von Bewerbungen für ausgeschriebene Stellen oder für Ausbildungsplätze. Dazu kommt, dass gerade bei jüngeren Bewerbern, die noch keine Berufserfahrung haben, die Lebensläufe ähnlich und die Qualifikationen annähernd gleich sind. Durch den Einsatz von Testverfahren soll hier eine sinnvolle Auswahl ermöglicht werden und die ungeeigneten Bewerber sollen aussortiert werden.

Neben Kenntnistests, die Schulkenntnisse und Allgemeinbildung überprüfen sollen, werden psychologische Testverfahren eingesetzt. Psychologische Eignungstests werden zur Auswahl geeigneter Bewerber und zur Prognose des Berufserfolgs eingesetzt und sollen die Personalauswahl zusätzlich absichern. Bei psychologischen Eignungstests kann man drei Gruppen unterscheiden:

Intelligenztests
Mit Hilfe von Intelligenztests soll die intellektuelle Leistungsfähigkeit von Bewerbern insgesamt und in einzelnen Bereichen ermittelt werden.

Leistungstests

Leistungstests verlangen Maximalleistungen auf bestimmten Gebieten. Dabei geht es sowohl um allgemeine Leistungsmerkmale wie Belastbarkeit, Konzentration, Aufmerksamkeit und Ausdauer als auch um spezielle sensorische oder motorische Fähigkeiten wie beispielsweise die Reaktionsgeschwindigkeit.

Persönlichkeitstests

Mit ihrer Hilfe sollen Persönlichkeits- und Charaktermerkmale, aber auch Interessen, Gefühle, Vorlieben und Abneigungen erfasst werden.

Immer öfter werden bei der Bewerberauswahl auch so genannte Assessment-Center eingesetzt. Ein Assessment-Center (to assess = einschätzen, bewerten) besteht aus unterschiedlichen Aufgaben und Übungen wie Gruppendiskussionen, Testverfahren, Einzelinterviews, Postkorb, Rollenspielen, Fallstudien, Präsentationen. Es wird mit acht bis zwölf Teilnehmern durchgeführt, die von mehreren Beobachtern in Bezug auf vorher definierte Anforderungen beurteilt werden.

Testverfahren müssen bestimmte wissenschaftliche Anforderungen erfüllen, damit sie sinnvolle Aussagen ermöglichen. Allerdings werden bei vielen Unternehmen fragwürdige Tests eingesetzt, die teilweise von Laien zusammengestellt werden und diese Anforderungen nicht erfüllen. Außerdem ist die Anwendung verschiedener Persönlichkeitstests sehr umstritten, weil sie nicht nur berufsbezogene Merkmale testen, sondern mit ihren Fragen stark in die Privatsphäre eindringen.

Natürlich ermöglichen Tests keine absolut treffsichere Auswahl und jemand, der im Test hervorragende Ergebnisse erzielt hat, kann im Berufsalltag später versagen. Tests geben aber allen

Bewerbern die gleichen Chancen und sind, wenn sie richtig angewendet werden, meist fairer und zuverlässiger als andere Auswahlmethoden.

Psychologische Eignungstests müssen grundsätzlich von Diplom-Psychologen durchgeführt werden. Lassen Sie sich vor dem Test über die Zielsetzung der Testanwendung, über die Art der Verfahren und über die getesteten Merkmale aufklären. Außerdem haben Sie das Recht auf Einsicht in Ihre Testergebnisse und Erläuterung der Beurteilungskriterien.

Zur Vorbereitung auf mögliche Tests werden inzwischen zahlreiche Ratgeber angeboten, zum Beispiel »Testtrainer Einstellungstests« (erschienen im Goldmann Verlag).

Werden Sie zu einem Test eingeladen, sollten Sie vor allem Folgendes beachten:

- Gehen Sie möglichst ausgeruht und entspannt in die Testsituation.
- Achten Sie darauf, dass Sie die Testanweisungen und die Beispielaufgaben verstehen. Fragen Sie nach, wenn Sie etwas nicht verstanden haben.
- Bleiben Sie ruhig, auch wenn Sie nicht alle Aufgaben schaffen. Bei Leistungstests ist die Zeit so knapp bemessen, dass Sie gar nicht alle Aufgaben bewältigen können.

Ausblick auf das Vorstellungsgespräch

Die Wartezeit nach dem Absenden Ihrer Bewerbungen sollten Sie nutzen und sich gründlich auf das Vorstellungsgespräch vorbereiten, denn hier fällt die Entscheidung, ob Sie eingestellt werden oder nicht.

Wer eine Einladung zum Vorstellungsgespräch erhält, hat sein vorläufiges Ziel erreicht und ist in die engere Wahl gekommen. Er hat es verstanden, sich mit seinen Fähigkeiten und Kenntnissen so interessant zu machen, dass er für die freie Stelle in Frage kommt.

Das Ziel des Vorstellungsgespräches besteht für die Firma darin, ihr Bild über den Bewerber durch den persönlichen Eindruck abzurunden. Sie will sich im Gespräch davon überzeugen, ob sich der Bewerber von seinem Verhalten und persönlichen Auftreten her für die angebotene Stelle eignet und in die Firma passt. Der Bewerber sollte das Gespräch nutzen, um sich ausreichend über seinen Arbeitsplatz zu informieren.

Im Vorstellungsgespräch werden Ihnen eine Reihe von Standardfragen gestellt, auf die Sie sich gut vorbereiten sollten. Dabei werden im Allgemeinen folgende Themenbereiche angesprochen:

- Grund der Bewerbung
- Ausbildungsweg
- Bisherige Berufserfahrungen
- Selbsteinschätzung und Persönlichkeit
- Zielvorstellungen und Erwartungen
- Persönliche und familiäre Situation
- Interessen

Ausführliche Informationen für die Vorbereitung auf das Vorstellungsgespräch finden Sie in meinem Ratgeber »Bewerbungsstrategien« (erschienen im Goldmann Verlag).

Überlegen Sie sich, wie Sie Ihre Fähigkeiten und Stärken möglichst gut darstellen, damit Sie einen positiven Eindruck bei Ihrem Gesprächspartner hervorrufen.

Machen Sie sich besonders Gedanken darüber, welche Erklärungen Sie abgeben können, wenn Sie Auffälligkeiten in Ihrem Lebenslauf, wie beispielsweise Lücken, haben. Denn Ihr Gesprächs-partner wird hier mit Sicherheit nachfragen und wissen wollen, welche Gründe dafür vorliegen.

Zur Vorbereitung gehört auch, dass Sie sich überlegen, welche Fragen Sie selbst stellen können. Wer fragt, zeigt Interesse und Zielstrebigkeit. Die Fragen sollten sich auf den angebotenen Arbeitsplatz, das Unternehmen und die Branche beziehen. Diese Informationen brauchen Sie auch, um beurteilen zu können, ob die Stelle und das Unternehmen zu Ihnen passen.

Ganz wichtig ist es, sich umfassend über die Firma, bei der Sie ein Gespräch haben, zu informieren. Informationsquellen sind beispielsweise das Internet, Zeitungen, Prospekte und Bekannte. Je mehr Sie über das Unternehmen wissen, desto besser können Sie argumentieren, warum Sie gern bei dieser Firma arbeiten möchten.

Zum Schluss noch ein Hinweis: Vergessen Sie nicht, den Termin für die Einladung telefonisch oder schriftlich zu bestätigen. Der Text könnte lauten:

Sehr geehrte/r Frau/Herr...,

ich bedanke mich herzlich für Ihre Einladung zum Vorstellungsgespräch.

Den von Ihnen vorgeschlagenen Termin am... um... Uhr kann ich einhalten. Ich freue mich auf das Gespräch.

Mit freundlichen Grüßen
(Unterschrift)

Register

Nie wieder sprachlos!